鸚鵡螺
數學叢書

洪萬生數學史系列

數 之軌跡 II

數學的交流與轉化

洪萬生／主編
英家銘／協編
黃俊瑋、博佳佳、林倉億、琅元／著
于靖、林炎全、單維彰／審訂

三民書局

《鸚鵡螺數學叢書》總序

本叢書是在三民書局董事長劉振強先生的授意下,由我主編,負責策劃、邀稿與審訂。誠摯邀請關心臺灣數學教育的寫作高手,加入行列,共襄盛舉。希望把它發展成為具有公信力、有魅力並且有口碑的數學叢書,叫做「鸚鵡螺數學叢書」。願為臺灣的數學教育略盡棉薄之力。

▌論題與題材

舉凡中小學的數學專題論述、教材與教法、數學科普、數學史、漢譯國外暢銷的數學普及書、數學小說,還有大學的數學論題:數學通識課的教材、微積分、線性代數、初等機率論、初等統計學、數學在物理學與生物學上的應用等等,皆在歡迎之列。在劉先生全力支持下,相信工作必然愉快並且富有意義。

我們深切體認到,數學知識累積了數千年,內容多樣且豐富,浩瀚如汪洋大海,數學通人已難尋覓,一般人更難以親近數學。因此每一代的人都必須從中選擇優秀的題材,重新書寫:注入新觀點、新意義、新連結。從舊典籍中發現新思潮,讓知識和智慧與時俱進,給數學賦予新生命。本叢書希望聚焦於當今臺灣的數學教育所產生的問題與困局,以幫助年輕學子的學習與教師的教學。

從中小學到大學的數學課程,被選擇來當教育的題材,幾乎都是很古老的數學。但是數學萬古常新,沒有新或舊的問題,只有寫得好或壞的問題。兩千多年前,古希臘所證得的畢氏定理,在今日多元的光照下只會更加輝煌、更寬廣與精深。自從古希臘的成功商人、第一位哲學家兼數學家泰利斯 (Thales) 首度提出兩個石破天驚的宣言:數

學要有證明，以及要用自然的原因來解釋自然現象（拋棄神話觀與超自然的原因）。從此，開啟了西方理性文明的發展，因而產生數學、科學、哲學與民主，幫忙人類從農業時代走到工業時代，以至今日的電腦資訊文明。這是人類從野蠻蒙昧走向文明開化的歷史。

古希臘的數學結晶於歐幾里德 13 冊的《原本》(*The Elements*)，包括平面幾何、數論與立體幾何，加上阿波羅紐斯 (Apollonius) 8 冊的《圓錐曲線論》，再加上阿基米德求面積、體積的偉大想法與巧妙計算，使得它幾乎悄悄地來到微積分的大門口。這些內容仍然是今日中學的數學題材。我們希望能夠學到大師的數學，也學到他們的高明觀點與思考方法。

目前中學的數學內容，除了上述題材之外，還有代數、解析幾何、向量幾何、排列與組合、最初步的機率與統計。對於這些題材，我們希望在本叢書都會有人寫專書來論述。

‖ 讀者對象

本叢書要提供豐富的、有趣的且有見解的數學好書，給小學生、中學生到大學生以及中學數學教師研讀。我們會把每一本書適用的讀者群，定位清楚。一般社會大眾也可以衡量自己的程度，選擇合適的書來閱讀。我們深信，閱讀好書是提升與改變自己的絕佳方法。

教科書有其客觀條件的侷限，不易寫得好，所以要有其它的數學讀物來補足。本叢書希望在寫作的自由度幾乎沒有限制之下，寫出各種層次的好書，讓想要進入數學的學子有好的道路可走。看看歐美日各國，無不有豐富的普通數學讀物可供選擇。這也是本叢書構想的發端之一。

　　學習的精華要義就是，儘早學會自己獨立學習與思考的能力。當這個能力建立後，學習才算是上軌道，步入坦途。可以隨時學習、終身學習，達到「真積力久則入」的境界。

　　我們要指出：學習數學沒有捷徑，必須要花時間與精力，用大腦思考才會有所斬獲。不勞而獲的事情，在數學中不曾發生。找一本好書，靜下心來研讀與思考，才是學習數學最平實的方法。

III 鸚鵡螺的意象

本叢書採用鸚鵡螺 (Nautilus) 貝殼的剖面所呈現出來的奇妙螺線 (spiral) 為標誌 (logo)，這是基於數學史上我喜愛的一個數學典故，也是我對本叢書的期許。

 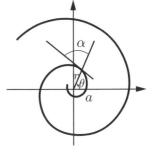

鸚鵡螺貝殼的剖面　　　　　　　等角螺線

　　鸚鵡螺貝殼的螺線相當迷人，它是等角的，即向徑與螺線的交角 α 恆為不變的常數 $(a \neq 0°, 90°)$，從而可以求出它的極坐標方程式為 $r = ae^{\theta \cot \alpha}$，所以它叫做指數螺線或等角螺線，也叫做對數螺線，因為取對數之後就變成阿基米德螺線。這條曲線具有許多美妙的數學性質，例如自我形似 (self-similar)、生物成長的模式、飛蛾撲火的路徑、黃

金分割以及費氏數列 (Fibonacci sequence) 等等都具有密切的關係，結合著數與形、代數與幾何、藝術與美學、建築與音樂，讓瑞士數學家柏努利 (Bernoulli) 著迷，要求把它刻在他的墓碑上，並且刻上一句拉丁文：

Eadem Mutata Resurgo

此句的英譯為：

Though changed, I arise again the same.

意指「雖然變化多端，但是我仍舊照樣升起」。這蘊含有「變化中的不變」之意，象徵規律、真與美。

　　鸚鵡螺來自海洋，海浪永不止息地拍打著海岸，啟示著恆心與毅力之重要。最後，期盼本叢書如鸚鵡螺之「歷劫不變」，在變化中照樣升起，帶給你啟發的時光。

蔡聰明

2012 歲末

推薦序

　　很高興看到洪萬生教授帶領他的學生們寫出大作《數之軌跡》。這是一本嘆為觀止，完整深入的數學大歷史。萬生耕耘研究數學史近四十年，功力與見識足以傳世。他開宗明義從何謂數學史？為何數學史？如何數學史？講起。巴比倫，埃及，希臘，中國，印度，阿拉伯，韓國，到日本。再從十六世紀到二十世紀講西方數學的發展與邁向巔峰。《數之軌跡》當然也著力了中國數學與希臘數學的比較，中國傳統數學的興衰，以及十七世紀以後的西學東傳。

　　半世紀前萬生與我結識於臺灣師範大學數學系，那時我們不知天高地厚，雖然周圍沒有理想的學術氛圍，還是會作夢追尋各自的數學情懷。我們一起切磋，蹣跚學習了幾年，直到 1976 暑假我有機會赴耶魯大學博士班。1980 年我回到中央研究院數學所做研究，那時萬生的牽手與我的牽手都在外雙溪衛理女中執教，我們有兩年時間在衛理新村對門而居，茶餘飯後沈浸在那兒的青山秀水，啟發了我們更多的數學思緒。1982 年我攜家人到巴黎做研究才離開了外雙溪。後來欣然得知萬生走向了數學史，1985 年他決定赴美國進修，到紐約市立大學跟道本周 (Joseph Dauben) 教授專攻數學史。

　　1987（或 1988）年，我舉家到普林斯敦高等研究院做研究。一個多小時的車程在美國算是「鄰居」，到紐約時我們就會去萬生家拜訪，談數學，數學史，述及各自的經歷與成長。1988 年暑假我回臺灣之前，我們倆家六口一起駕車長途旅遊，萬生與我擔任司機，那時我們都不到四十歲，從紐約經新英格蘭渡海到加拿大新蘇格蘭島，沿魁北克聖羅倫斯河，安大略湖，從上紐約州再回到紐約與普林斯敦。一路上話題還是會到數學與數學史。

我的數學研究是在數論，是最有歷史的數學，來龍去脈的關注自然就導引數論學者到數學史。在高等研究院那年，中午餐廳裡年輕數論學者往往聚到韋伊（Andre Weil）教授的周圍，聽八十歲的他講述一些歷史。韋伊是二十世紀最偉大數學家之一，數學成就之外那時已經寫了兩本數學史專書：數論從 Hammurabi 到 Legendre，橢圓函數從 Eisenstein 到 Kronecker。

　　1990 年代，萬生學成回到臺灣師範大學，繼續研究並開始講授數學史。二十餘年來他培養指導了許多研究生，探索數學史的各個時期及面向，成績斐然。這些年輕一代徒弟妹：英家銘、林倉億、蘇意雯、蘇惠玉等，也都參與了撰述這部《數之軌跡》。特別是在臺灣推動 HPM 數學史與數學教學，萬生的 School 做了許多努力。

　　在這本大作導論中，萬生指出他的數學不只包含菁英數學家 (elite mathematician) 所研究的「學術性」內容，而是涉及了所有數學活動參與者 (mathematical practitioner)。因此《數之軌跡》並不把重點放在數學歷史上的英雄人物，而著眼於人類文明的發展過程中，數學的專業化 (professionalization) 與制度 (institutionalization)，乃至於贊助 (patronage) 在其過程中所發揮的重要功能。

　　在《數之軌跡 IV：再度邁向顛峰的數學》第 4 章裡，《數之軌跡》試圖刻劃二十世紀數學。萬生選擇了四個子題來描述二十世紀前六十年的數學進展：艾咪・涅特、拓撲學的興起、測度論與實變分析、集合論與數學基礎。這當然還不足以窺二十世紀前五十年數學史的全貌：像義大利的代數幾何學派、北歐芬蘭的複分析學派、日本高木貞治的代數數論學派、與抗戰前後的中國幾何學大師陳省身、周緯良，都有其數學史上不可或缺的地位。從二十世紀到二十一世紀，純數學到應用數學，發展更是一日千里。《數之軌跡》選了兩個英雄主義的面向：

「希爾伯特 23 個問題」、「費爾茲獎等獎項」，來淺顯說明二十世紀數學知識活動的國際化。這些介紹當然不能取代對希爾伯特問題或費爾茲獎得獎工作的深入討論。最後寫科學的專業與建制，以及民間部門的角色：美國 vs. 蘇聯。這是很有意思的，我希望數學史家可以就這個題目再廣泛的搜集資料，因為在 1960 年代之後，不同的重要數學研究中心在歐洲美國出現，像法國 IHES、德國的 Max Planck、Oberwolfach 等。到了 1990 年世界各地，包括亞洲（含臺灣、中國），數學研究中心更是像雨後春筍般冒出。這是一個很有意義的數學文化現象。另一方面，隨著蘇聯解體，已經不再是美國 vs. 蘇聯，而是在許多國家百花齊放。從古到今，數學都是最 Universal！

于　靖

2023 年 10 月

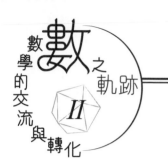

數
數學的交流與轉化
之軌跡
II

CONTENTS

第 4 章　中國數學：宋、金、元、明時期

CONTENTS

第 1 章
印度數學史

1　印度數學史

　　在印度歷史中，數學是非常重要也表現得極為豐富的知識文化活動。不過，過去的（西方）數學通史論述一向只能引述幾則插曲，不然就是將它與中國數學並列一章，聊供讀者參閱。因此，正如數學史家普洛夫可 (Kim Plofker) 所指出：一般人所獲知的印度數學（輝煌）成就，不外乎就是：印度十進位制數碼 (Hindu decimal numeral)、負數使用、不定方程式之解法，以及喀拉拉學派 (Kerala school) 的冪級數等等。❶事實上，印度數學除了它本土的成分之外，與希臘、阿拉伯數學關係十分密切。這種基於一些數學問題或概念的 「相似性」 (conceptual similarities)，也可以延伸到印度與（唐代）中國的交流探索，而這，當然是數學史家（尤其是中算史家）的關注焦點。

　　在本章中，我們首先運用有關 「**正弦**」 (sine) 的詞源，來凸顯印度與希臘數學、乃至阿拉伯（或伊斯蘭）數學的傳承與交流。英語中的 「**正弦**」 (sine) 之語源 (etymology) 涉及印度梵文、阿拉伯文及拉丁文，其文字演變過程頗有一番曲折。追根究底，sine 是由梵文 *jya-ardha*（半弦，圖 1.1 中的 $\frac{1}{2}\mathrm{crd}(\alpha)$）演變而來。❷在一開始，印度數

---

❶ 參考 Plofker, *Mathematics in India*.

❷ 如圖 1.1，如圓半徑為 R，則 「半弦」 與今日 「正弦」 之關係如下： $\dfrac{\frac{1}{2}\mathrm{crd}(\alpha)}{R}$ $= \sin(\dfrac{\alpha}{2})$ 或 $\mathrm{crd}(\alpha) = 2R\sin(\dfrac{\alpha}{2})$。

學家阿耶波多 (Aryabhata, 476–550)（見本書第 1.2 節）經常將它簡寫成 jya 或 jiya，後來有些印度著作被翻譯成為阿拉伯文時，譯者採用了「**音譯**」而非「**意譯**」，於是就成了 jiba。由於書寫版的元音被略去，後來有人就將「**輔音**」jb 譯為 jaib（胸膛）。最後，有人將 jaib 翻譯成（對應的）拉丁文 sinus，意思仍然是胸膛。這就是 sine 這個英文字的由來。[3]因此，sine 這個名詞源自梵文，再經阿拉伯文、拉丁文的「**翻譯**」，[4]最後才形成為目前我們通用的英文。事實上，前述這個說法就有阿爾・伯魯尼 (al-Biruni) 的證詞，[5]有關這位傑出的伊斯蘭數學家，我們在本書第 1.8、2.4 節中，將會再度說明他在伊斯蘭與印度交流過程的重要性。

　　這個語源的演變，見證了印度數學與希臘、阿拉伯乃至於拉丁世界的密切關聯。有關希臘數學（尤其是與天文學相關的三角學）的傳入印度及相關歷史背景，茲簡述如下。在貴霜王朝 (Kushan Empire, 45–250) 與笈多王朝 (Gupta Empire, 319–550) 時期，希臘天文學可能經由羅馬貿易管道傳入印度，但蠻奇怪地，所傳入者是希帕科斯 (Hipparchus, 190–120 BC) 之天文學著作，而非較晚的托勒密 (Claudius Ptolemy, 85–165) 之《**天文學大成**》(*Almagest*)，至於最具體的證據，則是印度天文學家如（下文第 1.2 節即將出場的）阿耶波多，就是仿照希帕科斯以 3438 為圓半徑（亦即將圓半徑等分成 3438 段，每段為 1 分），至於托勒密則是以 60 為圓半徑。無論如何，天文學的發展是印度人研究數學的主要原因之一，許多印度數學家所研究的問題，譬

---

❸ 參考 Katz，《數學史通論》（第 2 版），頁 168。
❹ 無怪乎法文的 traduire（英文 translate 的「對應」字）就有「背叛」的含意。
❺ 參考 Plofker, *Mathematics in India*, p. 257。

如正弦表的製作，其動機均來自天文學的需求。現存的相關文本，譬如《阿耶波多曆數書》、《婆羅摩修正曆數書》等書籍，也大都與天文學息息相關。在底下的第 1.1 節，我們將簡要介紹印度數學家製作正弦表的貢獻。

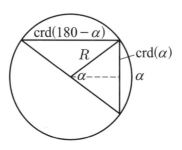

圖 1.1：半弦圖

　　不過，印度數學不只源自像正弦表這樣的實用需求，它的「覆蓋」面向也相當廣泛。以《**繩法經**》(*Śulbasûtra*)（大約在西元前八世紀到西元前二世紀之間的著作）為例，[6]在這部有關祭臺建築的宗教法則之著作中，古印度幾何知識首度現身，其中，*sulvasutras*/*sulbasutras* 之意義，也被類比到古埃及「**拉繩索的人**」(rope-stretcher)，同時，印度人是否早在畢達哥拉斯時代，發明了畢氏定理，也備受史家關注。[7]無論如何，數學史家卡茲 (Victor Katz) 針對「印度人研究數學的原因」，提出下列相當有趣的說明：

6　《繩法經》(*śulbasûtra*) 或譯為「數經」，直譯就是「測繩的法規」(rules of the cord)。其主要內容是關於神廟、祭壇等的建造和測量。成書時間介於西元前八世紀～西元前二世紀之間。其中有一些幾何和代數問題的具體求解，是印度數學史的重要史料。參　考　https://zh.wikipedia.org/zh-tw/%E4%BB%AA%E8%BD%A8%E7%BB%8F　。2022/09/12 檢索。

印度人對數學為什麼那麼感興趣？我們可以從他們的數學著作所涉及的問題的類型得到一些答案（儘管與中國人有所不同），亦即他們的問題並不是完全的「實用型」。在摩訶毘羅 (Mahavira, 540–468 BC) 的 《計算方法綱要》 (*Ganita-sara-sangraha*) 一書的引言中，**❽**可以看到對這一問題的更一般的答案：「在那些世界性的事務中，如在吠陀教……等宗教事務中總要用到計算。在有關感情、財富分配、音樂話劇、烹飪藝術、醫療、建築、韻律學、詩歌、邏輯學、語法學等學科中，計算的科學都受到高度重視。在涉及太陽和其他天體的運行、日月蝕和行星連珠等問題時，數學也十分有用。有關記數、海島、海洋、山脈的徑周，大範圍居民區的規劃，和居民居所的設計等，需要用到計算。**❾**

上文所引述的摩訶毘羅是耆那教 (Jainism) 的創始人，他在《計算方法綱要》中禮讚（南印度的）羅濕陀羅拘陀 (Rashtrakuta) 國王阿目佉跋沙一世 (Amoghavarsha I, 814–878)，或許他曾在此宮廷任職，也因此可推知他是第九世紀中葉的數學家，見後文第 1.5 節。**❿**

---

❼ 數學史家葛羅頓－吉尼斯指出：畢氏定理在印度數學（譬如《繩法經》）中，是有關長方形及其對角線的一個性質，而非我們所熟知的直角三角形及其斜邊，因為印度幾何主要關乎祭壇形狀。 Grattan-Guinness, *The Fontana History of Mathematical Sciences*, p. 98.

❽ "Mahavira" 在原引中譯作「瑪哈維拉」。

❾ 引 Katz，《數學史通論》（第 2 版），頁 180。文字略作修飾！

❿ Plofka, *Mathematics in India*, p. 162.

由此可見，印度數學與宗教信仰之關聯相當顯著，譬如，婆什迦羅有關數目「零」，就有涉及宗教的比喻，請見後文第 1.4 節。在東亞世界，這個連結相當具有特色。歷史文化影響數學發展，殆無疑義。以韓國及日本等國的數學發展（見本書第 5–6 章）為例，他們都有中國數學的傳播「烙印」，從而吾人也都可略窺中國（儒學）文化對這些數學文明的影響。因此，我們應該簡要引述印度歷史的一些片段，**⓫** 特別著重在與本章所述數學史相關的內容。

　　西元前一千年，雅利安人 (Aryan) 之部落在印度北部逐漸壯大，其中有摩揭陀國建立等級制度，主要信奉婆羅門教。西元前 327 年，亞歷山大大帝 (Alexander the Great)「入侵」，將希臘文化以「開化」（希臘化）之姿傳入北印度。四年後，亞歷山大去世，摩揭陀復國，但與塞琉古帝國 (Seleucid Empire, 312–64 BC)——亞歷山大去世後的西亞世界繼承者保持友好關係，印度、希臘之間的文化得以持續交流。後來，阿育王稱帝，建立孔雀王朝，他皈依佛教並向鄰國派遣傳教士，目前在印度各地流傳下來的刻著阿育王法令的柱子，就保留了刻印有印度數碼的最早書面記錄。**⓬** 到了西元第一世紀時，前述的貴霜王朝建立，不久就成為羅馬帝國與東方世界的貿易中心。**⓭** 到了第四世紀早期，北印度又在笈多王朝的統治下，有了一個半世紀的統一局面，藝術、醫學及其他文化活動達到鼎盛，印度殖民者並得以將印度文化傳播到東南亞地區。本章主角之一的數學家阿耶波多即將上場。

⓫ 在地理環境上，此處印度是指印度次大陸，除目前的印度之外，其範圍也觸及目前的巴基斯坦（穆斯林國家）、尼泊爾、孟加拉，以及斯里蘭卡等國疆域。

⓬ 參考 Katz，《數學史通論》（第 2 版），頁 167。

⓭ 同上，頁 166。

　　西元 606 年，曷利沙伐彌那（Harsha 或 Harshavardhana, 590–647）復興北印度，建立戒日王朝（或稱曷利沙王朝）。這個王朝非常短暫，戒日王在位四十七年，死後此一王朝隨即傾覆，不過，首府卻成為國際大都會，吸引了來自世界各地的學者、藝術家和朝聖者。所以，中國唐朝佛教徒玄奘訪問曷利沙時，曾盛讚它的「正義和慷慨」。[14]後來，戒日王朝由瞿折羅－普臘蒂哈臘王朝 (Gurjara-Pratihara dynasty, 750–1036) 取代。本章第 1.3 節介紹的婆羅摩笈多 (Brahmagupta, 598–670)，當是跨越這兩個王朝的數學家。

　　不過，我們介紹印度人的數學貢獻之前，還需要提及第十一世紀初到第十六世紀初從西北方「入侵」的伊斯蘭教徒所建立的王朝。先是來自今日阿富汗地區加茲尼的馬哈茂德 (Mahmud of Ghaznavid) 控制了旁普遮地區，[15]但隨後在十三世紀初，又由控制德里地區的一系列王朝所取代。由於他們控制了德里及鄰近區域，因此，就稱之為德里蘇丹王朝 (Delhi Sultanate)。西元 1526 年，來自中亞的巴布爾 (Babur)——突厥化蒙古人帖木兒的後裔——攻入德里地區，建立蒙兀兒帝國 (Mughal empire)。泰姬瑪哈陵 (Taj Mahal) 就是蒙兀兒帝王沙賈漢 (Shah Jahan) 為紀念他的第二任妻子，[16]於 1657 年建造完成。這座世界文化遺產被聯合國教科文組織 (UNESCO) 讚譽為「印度穆斯林藝術的瑰寶奇葩」（見圖 1.2）。

---

[14] 引維基百科「戒日王朝」條目。
[15] 本書第 2.4 節還會論及此一王朝。
[16] 一說是第三任妻子。

圖 1.2：泰姬瑪哈陵

　　這些印度－穆斯林 (Indo-Muslin) 帝國直到十九世紀中葉英國人建立殖民政府之前，無論實質上或名義上都統治著印度次大陸，因此，他們都對印度人（尤其是北部地區）生活的許多面向，帶來了深遠的影響。譬如，顯然是由於統治者對於多元宗教的包容，印度教徒、伊斯蘭教徒甚至錫克 (Sikh) 教徒，都會前往相同的廟宇朝聖。

　　我們有關印度數學的故事脈絡將要終止於十七世紀。在一方面，正如數學史家普洛夫可的說明，我們對於相關文本及其脈絡之研究還相當有限，無法形成數量夠多而有趣的結論。另一方面，我們也將要保留篇幅，以便介紹印度與中國以及穆斯林之間的交流，因此，斷代在十七世紀是個恰當的選擇。

 1.1 **正弦表的製作（西元第五世紀）**

　　有關印度文化如何受到希臘影響，數學家／科普作家卡普蘭 (Robert Kaplan) 在他的《從零開始》中，指出：「有時最確鑿的證據反而來自謬誤當中：在早期的印度天文學中，最長和最短的白晝比是

3:2，但是除了印度緯度最高的地區之外，這個比例完全不適用，但是，若把這個比例用在巴比倫則十分正確，而希臘人採納的正是巴比倫人的數據。」[17]這是頗有史識的論述，在針對中印之交流議題時，相關史家也有類似的推論，也值得我們注意（參看本書後文第 1.9 節）。

　　不過，印度人總能推陳出新，最好的佐證，莫過於阿耶波多有關正弦表之構造。在《阿耶波多曆數書》中，他的**弦表 (chord table)** 就是建立在圓半徑 $R = 3438'$（3438 分）上。他很可能仿照希帕科斯的方法，令 $90°$ 的正弦值 =（半徑）$3438'$。如此一來，$30°$ 的正弦等於半徑的一半 $1719'$，$45°$ 的正弦 $\dfrac{3438'}{\sqrt{2}} = 2431'$。然後，只要按 $3°45'$ 的倍數，即可做出 $3°45'$ 到 $90°$ 之間各角的正弦表。

　　至於這個 3438 是怎麼來的?或許數學史家對於希帕科斯的進路之說明可以略窺一二。由於角度或弧度是用度或分來度量，因此，希帕科斯決定對圓半徑也使用同樣的度量。他取 π 的近似值為 3;8, 30 ($= 3 + \dfrac{8}{60} + \dfrac{30}{60^2}$)（按巴比倫六十進位制）。則半徑 $R = \dfrac{圓周}{2\pi} = 60' \times \dfrac{360}{2\pi}$，從而半徑的度數 $= 60' \times \dfrac{360}{2\pi} = \dfrac{(6, 0, 0)}{(6;17)} = 57, 18 = 3438'$。於是，在這樣的半徑長的圓中，一個角的度量（定義為其所對圓弧長除以圓半徑，$\theta = \dfrac{s}{r}$）就等於它的弧度之度量。

　　阿耶波多的正弦表，則是源自希帕科斯的弦表，還有，阿耶波多的正弦表則曾傳至唐代中國，本節都將簡要說明。[18]先簡要介紹阿耶

---

[17] 引卡普蘭，《從零開始》，頁 73。

[18] 參考 Van der Waerden, *Geometry and Algebra in Ancient Civilizations*, p. 211。

波多的正弦表。阿耶波多先求得 sin3°45′ 的值，然後再給出了在第一
象限中，每隔 3°45′ 的 24 個正弦值，此一進路顯然類同於希帕科斯。
但是，阿耶波多並沒有說明這些值是怎麼來的，也沒有提供任何證明
和推導的過程，只是列出這個數表。在此，我們簡要補上希帕科斯的
推算過程，以略知印度正弦表製作之梗概。

　　在印度三角學中，第一正弦 s_1 是指 3°45′ 的正弦，然後再接著計
算 3°45′ 的任意倍（弧度）的正弦，比如第二正弦 s_2（亦即
$2 \times (3°45′) = 7°30′$ 的正弦），就從 225 減去 225 得 0，再從 225 減去
$0 + 1 = 1$，即得第二個正弦差 224，因此，$s_2 = 225 + 224 = 449$，等等。
第 n 個正弦 s_n（亦即 $n \times 3°45′$ 的正弦）可運用下列公式計算：

$$s_n = s_{n-1} + (s_1 - \frac{s_1 + s_2 + \cdots + s_{n-1}}{s_1})$$

上式括弧內的項表示第 n 個正弦差，其中有些可列表如下：225, 224,
222, 219, $\cdots$ 22, 7。由此可以推得如下正弦函數值的 R（= 3438）倍，
以現代符號表示如下：

$3438 \sin 3°45′ = 225$

$3438 \sin 7°30′ = 449$

$3438 \sin 11°15′ = 671$

$\cdots$

$3438 \sin 86°15′ = 3431$

$3438 \sin 90° = 3438$

至於 $3438 \sin 3°45′ = 225$ 是怎麼算出來的？數學史家卡茲認為希帕科斯
很有可能是利用 $\mathrm{crd}(60°)3438′$，並且應用四次半角公式 $\sin^2 \frac{\alpha}{2} =$

$\dfrac{1-\cos\alpha}{2}$，即可得知 $3438\sin 3°45' = 225$。[19]

　　以上，我們主要根據阿耶波多與傳入唐代中國的印度三角學內容改寫。[20]後者收入《開元占經》中的《九執曆》，我們將在本章第 1.9 節再加以說明。

 ## 1.2 阿耶波多

　　如前文所述，印度數學的發展和天文學的研究息息相關，西元五世紀至十二世紀是印度數學發展的鼎盛時期，此時的數學是研究天文學的重要工具。

圖 1.3：阿耶波多雕像

---

[19] 參考 Katz，《數學史通論》（第 2 版），頁 113–114。
[20] 參考 Katz，《數學史通論》（第 2 版），頁 168–169。以及郭書春主編，《中國科學技術史：數學卷》，頁 334–338。

印度的數學家中，最早一位為人們熟知的，是阿耶波多。[21]西元第六世紀初，他在笈多王朝的首都巴特利普特那 (Pataliputra) 附近的拘蘇磨補羅 (Kusumapura)，著述《**阿耶波多曆數書**》(*Aryabhatiya*)。拘蘇磨補羅是印度史上兩大數學研究中心之一，另一個是烏賈因 (Ujjain)，我們後文還會提到。然而，他的出生地仍然沒有定論，儘管史家有不少猜測。

　　《阿耶波多曆數書》包括〈天文表集〉、〈算術〉、〈時間度量〉與〈球〉等篇。在數學方面，其主題涵蓋正弦表（已見上一節說明）、算術、代數、平面和球面之三角測量。在此，我們將特別引述幾個與中國數學有交流爭議的公式或算法，讓我們體會（本質上看起來比較像是希臘數學延續的）印度數學之發展，也展現了相當獨特的風貌：

- 三角形面積　高與半底的乘積是三角形面積量數。
- 圓面積　半周、半徑乘積顯然是圓面積。
- 梯形面積　上、下底各乘以高，除以上、下底的和，其結果是上、下底上各自的高。上、下底的和折半，乘以高，結果是〔梯形〕面積。
- 圓周長　100 加 4，乘以 8，再加上 62000。這是直徑為 20000 的圓周長近似量數。
- 兩影端距離與第一影長相乘，除以兩影長之差，所得結果是 *koti*（底線），這一線段與標竿長相乘，再除以第一影長，即得 *bhuja*（高，即竿長）。[22]

━━━━━━━━━━━━━━━━━━

21 西元 1975 年，為紀念阿耶波多誕生 1500 周年，印度人將他們組裝的第一顆人造衛星命名為「阿耶波多號」。https://kknews.cc/history/3lzj5ay.html。

其中，圓面積公式與《九章算術》「圓田術」第一個公式完全相同（「**半周、半徑相乘得積步**」），至於梯形面積公式，則更具有一般性，相較之下，《九章算術》中的「邪田術」中的術語並未統一，請參考《數之軌跡 I：古代的數學文明》第 5.9 節。

　　更值得注意的事實，乃是上引最後一題的算法，它給出：通過測量竿頂到地面的不同影長，來求竿長的方法。這個問題的形式與方法，類似中國魏晉劉徽《海島算經》（重差術）的第一題，❷❸茲引述如下，俾便讀者對比參考：

> 今有望海島，立兩表，齊高三丈，前後相去千步，另後表與前表參相直。從前表卻行一百二十三步，人目著地取望島峰，亦與表末參合。從後表卻行一百二十七步，人目著地取望島峰，亦與表末參合。問島高及去表各幾何？
>
> 答曰：島高四里五十五步。去表一百二里一百五十步。
>
> 術曰：以表高乘表間為實，相多為法，除之。所得加表高，即得島高。求前表去島遠近者，以前表卻行乘表間為實。相多為法。除之，得島去表數。❷❹

　　《阿耶波多曆數書》還有一種梵文稱之為庫塔卡 (Kuttaka) 或「粉碎法」(pulverizer) 的問題與算法，備受比較史學研究之深刻注意。根據數學史家呂鵬與紀志剛的研究，婆什迦羅一世在他有關《阿耶波多

❷❷ 引李文林主編，《數學珍寶》，頁 75–76。

❷❸ 這是史家卡茲所提出，不敢掠美，請參考 Katz，《數學史通論》（第 2 版），頁 171。

❷❹ 引郭書春、劉鈍點校，《算經十書》，頁 247。

曆數書》的註釋中，提出了庫塔卡的基本形式如下：

> 已知某整數 N 被除數 a 除後有較大的餘數 R_1，然後又被另
> 一除數 b 除後有較小的餘數 R_2，求此整數 N。

如用現代符號表示，則庫塔卡問題可「翻譯」成如下的聯立同餘式：

$$N \equiv R_1(\mathrm{mod}\, a) \equiv R_2(\mathrm{mod}\, b)$$

或者是二元一次方程式：

$$N = ax + R_1 = by + R_2$$

其中，$0 \le R_1 < a$，$0 \le R_2 < b$。若令 $c = R_1 - R_2$，則上式可改寫成：

$$y = \frac{ax + c}{b}$$

至於其目標，則是求 (x, y) 的最小整數解。

　　呂鵬、紀志剛還指出印度數學家研究庫塔卡的動機：「庫塔卡是古代印度數學家們的重點研究對象。這是因為它與天文計算密切相關。比如，已知在一紀（*yuga*，意為『會合』）週期的 D 日間某行星在天球上的周轉圈數為 R，從紀元起經過天數 y 時行星周轉圈數為 x，並且周轉不足一圈之餘數為行星的黃經 λ，那麼根據比例關係，就能得到不定關係式：

$$\frac{R \cdot y}{D} = x + \frac{\lambda}{D} \text{，即 } y = \frac{Dx + \lambda}{R} \text{。}$$

式子中的紀元常數 R 和 D 通常都是非常巨大的數，因而需要使用庫塔
卡算法來把 x 和 y 計算出來，其中 y 是一個以日數為單位的量，是為
『上元積日』。」[25]

1.3　婆羅摩笈多

　　第七世紀的婆羅摩笈多是烏賈因天文觀測站的負責人，正如前一
節所提及，這個天文臺是古代印度最重要的數學中心之一。婆羅摩笈
多著有《**婆羅摩修正曆數書**》(***Brahma-sphuta-siddhanta***)，全書共二
十四章，專論數學有兩章：按現在單元分類標準，第 12 章主題是算
術，第 18 章是代數。在後一章中，婆羅摩笈多提出：正量、負量與零
（這三個「數」）的加、減、乘法規則，以及除法規則。最後這個規則
值得引述如下：

　　正量除以正量，負量除以負量都得正量。零除以零沒有價值。
　　正量除以負量得負量，負量除以正量得負量，正量或負量除
　　以零，得一分數，以零作分母：或是零除以負量或正量。[26]

其中，「**正量或負量除以零，得一分數，以零作分母**」，就是印度人發
明零的最佳見證，儘管「**得一分數，以零作分母**」之說顯然謬誤！

---

[25] 引呂鵬、紀志剛，〈印度庫塔卡詳解及其與大衍總數術比較新探〉。
[26] 引李文林主編，《數學珍寶》，頁 82。

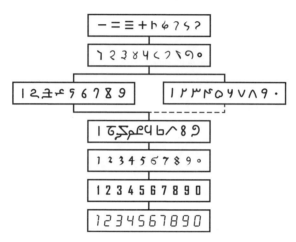

圖 1.4：印度－阿拉伯數碼的演進
　　　從上到下：印度婆羅米數碼，約西元前 250 年；印度瓜廖爾數
　　　碼，約西元 500 年；西、東阿拉伯數碼，約西元 950、800
　　　年；歐洲尖點體，十一世紀；畫家杜勒版，十六世紀

　　這是印度人以 0 作除數的最早紀錄。當然，這在邏輯上絕對無法成立，因為 $\frac{0}{0}$ 沒有意義。後來，摩訶毘羅（見本書後文第 1.5 節）與婆什迦羅二世（Bhaskara II, 1114–1185，見本書第 1.6 節），企圖解決同一問題，也都功敗垂成。儘管如此，印度人最早視 0 為一個**數目 (number)**，殆無疑問，因為任何**物件 (entity)** 被視為一個「除數」的前提，是它必須先被視為一個「數目」。所以，數目 0 是印度人所率先發明的。將計算器上的「空位」轉化成「概念」0 究竟是什麼樣的文化背景，才比較容易啟發吾人思考？我想這至少是科普作家深感興趣的議題。❷

　　另一方面，從數學史的後見之明來看，印度人在邏輯上完全站不住腳的論證，竟然可以成為他們「發明」0 的證據，這在史學方法論上頗具啟發性。不過，這種插曲或事件所以現身，或許是由於印度人在他們的文化脈絡中，有興趣討論這種**「意義分歧」(ambiguity)** 的概念吧。

　　婆羅摩笈多除了和我們前一節所介紹的婆什迦羅一世一樣，已經能夠找出線性整係數 （或不定） 方程式的整數解 ， 也就是 ， 找出 $ax + by = c$ 的整數解 x、y。數學史家卡茲注意到：婆羅摩笈多與阿耶波多研究一次同餘式的動因，是由於天文學上的需要，這與中國研究「同餘」的動因相同。他進一步指出這是印度天文學在希臘影響的脈絡中，所展現的一種本土自主發展。我們且看他怎麼說：「第五、六世紀的印度天文學深受希臘的影響，特別是天體的本輪觀念，因此，印度天文學家像希臘天文學家一樣，需要用三角學去計算天體的位置。但印度天文學上還有一個重要的思想是大的天文週期，即所有天體(包括太陽和月亮) 週而復始同處於零經度上的時間。這一點頗似古代的中國，而在希臘人看來卻不重要。」[28]由於所有天體在運動週期的開始，大約都在同一位置上，因此，這樣的計算就如同中國曆算家求所謂的「上元積年」一樣，需要解（聯立）一次同餘式。史家卡茲的這一評論有史家呂鵬、紀志剛的呼應，請參考本書前文第 1.2 節。

　　婆羅摩笈多還研究了更艱深的問題 ， 像是找出 $92x^2 + 1 = y^2$ 這類今日稱之為佩爾 (Pell) 方程式的整數解。此外，婆羅摩笈多也給出如下（以現代形式表達的）公式：

---

[27] 參考卡普蘭，《從零開始》。

[28] 引 Katz，《數學史通論》（第 2 版），頁 174–175。

・前 n 個自然數的平方和為 $\dfrac{n(n+1)(2n+1)}{6}$

・前 n 個自然數的立方和為 $(\dfrac{n(n+1)}{2})^2$

等等，不過，由於沒有任何證明流傳下來，所以，我們不知道婆羅摩笈多如何發現這些公式。

1.4　巴赫沙利手稿（約第八世紀中葉）

　　西元 1881 年，有一位農夫在巴赫沙利（Bakhshali，位於今日巴基斯坦境內）附近，挖掘出這一份書寫在樺樹皮上的數學文獻。這一份手稿被發現時，已經是斷簡殘篇，原來可能是數百片的樺樹皮最後只剩下七十片，現存於牛津大學圖書館，就稱作**巴赫沙利手稿 (Bakhshali Manuscript)**。它是運用夏拉達書記文 (Sarada script) 來書寫的，這是笈多王朝書記所使用的古梵文，再摻雜西北印度的方言而成。有些史家參照中世紀其他梵文數學文本的風格與字彙，認為這個手稿中的問世年代，大約是第八世紀與第十二世紀之間。[29]這部手稿包括有八十幾題算法及其以韻文書寫的範例，連同一個註解，以散文和數值記號結合一起針對算法進行說明。

　　這份手稿所以珍貴，乃是由於它是直接證據，顯示中世紀梵文數學的內容與形式如何呈現，也見證了婆羅摩笈多之後不久，數學著作逐漸獨立問世，而非附屬於天文學書籍。這個現象我們將在下一節（第 1.5 節）還有機會深入探討。在我們回到這個文本的內容與形式之前，

---

[29] Plofker, *Mathematics in India*, p. 158.

有一個插曲值得在此引述。西元 2017 年，英國數學家／科普講座索托伊 (Marcus du Sautoy) 利用**放射性碳定年法 (Radiocarbon dating)**，指出巴赫沙利手稿的書寫可以推前到第三世紀，而非史家所推定的第八到第十世紀。由於此一手稿包括 0 之數碼，因此，印度數學家在第三世紀就已經有「0」的使用記錄（參考圖 1.5）。❸

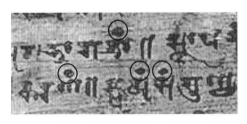

圖 1.5：巴赫沙利手稿的「0」記號：圈起處

　　巴赫沙利手稿在記號的使用上，有一些特色值得在此介紹。作者或抄寫者除了 0 及分數的記號之外，也使用縮寫字來代表　**「被加」(added)**、**被減 (subtracted)**、**結果 (result)**，以及**餘項 (remainder)**，其作法就是縮簡到它們各自的**聲母 (initial syllables)**。這種進路頗類似希臘丟番圖的**「簡字代數」(syncopated algebra)**。❸譬如，該手稿就將

---

❸　牛津數學家／科普講座教授索托伊 (Marcus du Sautoy) 如此大費周章，顯見其中或有一些道理在。茲暫存其說。參考 https://read01.com/oLe4Jm3.html。

❸　西方代數的發展一向被認為有三個階段：依序是文辭代數 (rhetorical algebra)、簡字代數及符號代數 (symbolic algebra)。不過，史家目前對此說已相當保留（顯然也是呼應一般史家對於馬克斯歷史「階段說」之評論）。譬如在丟番圖之後千餘年的斐波那契《計算書》(1202) 就是以文辭（形式）：「立方和七個物，再少掉五個平方，等於此物多六的（平方）根」，來書寫如下方程式：$x^3 - 5x^2 + 7x = \sqrt{x+6}$。參考柏林霍夫、辜維亞，《溫柔數學史》，頁 115。又前述「階段說」是德國數學家涅瑟曼 (Nesselmann) 於 1842 年提出。

曾出現在《婆羅摩修正曆數書》中的一個類題「引述」如下：

> 哪一個量增五後成為完全平方數?那個量減七後成為平方數；
> 請問那個量是多少？

以如下方式表示：

| 0 | 5 | yu | $\overline{mu}$ | 0 || $\overline{sa}$ | 0 | 7 | + | $\overline{mu}$ | 0 |
| 1 | 1 | | | 1 || 1 | 1 | | | | |

圖 1.6：印度「簡字代數」案例

其中 yu 是 $yuta$ 的縮簡，代表被加上 (added)，mu 是 $mula$ 的縮簡，代表**平方根 (square root)**。如此，上引這兩個「盒子」裡面的式子，就依序代表如下兩個方程式：

$$x + 5 = y^2 \; ; \; x - 7 = z^2$$

至於其解則與婆羅摩笈多稍有差異：$x = 11, \, y = 4, \, z = 2$。[32]

　　雖然這部手稿保留「代數面向」的進展，但它幾乎沒有幾何圖形，這表示幾何問題不受編者青睞，而可能成為本手稿無須按照單元順序來編輯的理由之一，因為如有幾何單元，則編輯時或許會察覺到圖形概念的「階層」性質。這部手稿有許多以韻文表達計算法則，用以處

---

[32] 參考 Plofker, *Mathematics in India*, p. 159.

理像是租賃、合金合成等特殊應用，而非針對基本運算的「處方」。還有，三率法的多種形式也一直用來檢驗計算結果。[33]

摩訶毘羅（第九世紀中葉）：印度算學成為一門獨立文類

　　第九世紀中葉的摩訶毘羅創立著那教，他的《計算方法綱要》(**Ganita-sara-sangraha/Epitome of the Essence of Calculation**)，是印度數學史上現存從天文書籍獨立出來的首部數學著述，[34]流傳下來的完整文本共有 1100 句梵文詩，對於數學主題的組織方式提供了詳盡的細節。正如前述，該書曾禮讚（南印度）羅濕陀羅拘陀國王阿目佉跋沙一世，或許他曾在此宮廷任職。

　　《計算方法綱要》共有九章（都有標記號碼：0–8）。在後第 1–8章中，摩訶毘羅列出法則 (rules) 與範例（sample problems，但無解答），間或穿插散文句子進行連結。第 0 章是導論章（含專門術語之介紹），該書序文結束時，摩訶毘羅介紹 24 個大數的名稱，最大者有 10^{23}位數。最後，他還強調數學家需要八項「素養」：快速、審慎、駁斥（不實）、不怠、理解、專注、發明（企圖），以及（給出）答案。

　　《計算方法綱要》第 1 章主題是**運算的步驟 (Procedure of Operations)**，依序說明乘法、除法、平方、開平方根、立方，以及開立方根等計算法則，它們主要承襲阿耶波多與婆羅摩笈多著作所提及的方法，有關等差、等比級數之求和問題亦然。還有，本章也介紹一種用以計算詩之韻律的「**平方－乘**」(**squaring-and-multiplying**) 之方

[33] Plofker, *Mathematics in India*, p. 161.

[34] 數學史家普洛夫可認為這是一種獨立的文本類型 (textual genre)，儘管它還是強調天文學應用面向。

法，以獨特的計算步驟，算出譬如 $3^9 = 19683$ 之值。第 2 章主題是分數的（計算）步驟。前六個依序從乘法到開立方根，這些應該都是引述前人的著作。至於第 7、第 8 個方法，則涉及項數式分數的級數之求和。有一個範例要求學生計算如下分數相加之和：

$$\frac{1}{3} + \frac{1}{4} + \frac{1}{2} \cdot \frac{1}{2} + \frac{1}{5} \cdot \frac{1}{6} + \frac{1}{\frac{3}{4}} + \frac{1}{\frac{5}{2}} + (1 + \frac{1}{6}) + (1 + \frac{1}{5}) + (\frac{1}{2} +$$

$$\frac{1}{2} \cdot \frac{1}{3}) + (\frac{2}{7} + \frac{2}{7} \cdot \frac{1}{6}) + (1 - \frac{1}{9}) + (1 - \frac{1}{10}) + (\frac{1}{8} - \frac{1}{8} \cdot \frac{1}{9}) + (\frac{1}{4} - \frac{1}{4} \cdot$$

$$\frac{1}{5}) = \frac{121}{15} \text{。}^{\text{㉟}}$$

《計算方法綱要》 第 3 章主題是 **「各色各樣方法的步驟」** (Procedure of Miscellaneous [Methods])，主要討論一個未知數的方程式求解，但也包括 $\sqrt{x}$ 像這樣的方程式，需要用到二次方程求解。第 4 章主題是**三率法 (Procedure of Rule of Three Quantities)**，其中使用到正、反比例原理，範圍不出早期算書，此處從略。㉟第 5 章主題是 **「混合物的（計算）步驟」(Procedure of Mixtures)**，所謂「混合物」的問題，通常是指不涉及幾何學的各種算法步驟 (algorithmic procedure)。這些主題所處理問題包括利息、投資（含單一或混合資本）、租賃，以及**「庫塔卡」**(*Kuttaka*) 或 **「粉碎法」(pulverizer)** 的各種解法技巧，用以求解定量或不定量等等。在先前的算書中，最後這種方法都是用以求解**線性不定方程式 (linear indeterminate equations)**，它們都與天文學計算有關，不過，在此摩訶毘羅卻完全忽略其應用面向。

有關摩訶毘羅如何解不定方程式，在此，我們特別引述一個類似

㉟ 這一方法當然與《九章算術》粟米章有關，我們將在第 1.9 節再深入討論。

中國「百雞術」的問題：

> 鴿五值三錢，鶴七值五錢，鵝九值七錢，雀三值九錢。為討
> 國王歡喜，某人欲百錢買百禽，問禽、錢各幾何？[36]

摩訶毘羅給出了一個十分複雜的解法。後來，婆什迦羅二世提出同樣
問題，給出解法，並且清楚說明何以這類問題有多解。[37]

　　在本章有關幾何主題的介紹，摩訶毘羅按計算結果分類成「近似」
與「精確」，按形狀分類成三角形、四邊形與圓形（含曲線形），不過，
也各自包括變異圖形。在編排上，他先給出近似值計算法則，再給出
「精確」法則。以三角形、四邊形為例，其近似計算法則是將對邊之
和取平均值，然後相乘而得：$A = \dfrac{a+c}{2} \cdot \dfrac{b+d}{2}$，其中 a, b, c, d 為四邊
形之四邊長。顯然，在此三角形被考慮成為四邊形的特例。至於精確
法則，則分別給出三角形、四邊形的海龍公式、婆羅摩笈多面積公式：
$A = [(\dfrac{p}{2}-a)(\dfrac{p}{2}-b)(\dfrac{p}{2}-c)(\dfrac{p}{2}-d)]^{\frac{1}{2}}$，其中 a, b, c, d 為四邊形之四
邊長，$p = \dfrac{a+b+c+d}{2}$。此式當 $d = 0$ 時，則化約為海龍公式，正確
無誤。然而，原式有誤差，正確的公式是 $A = [(\dfrac{p}{2}-a)(\dfrac{p}{2}-b)(\dfrac{p}{2}-c)$
$(\dfrac{p}{2}-d) - abcd \cdot \cos \alpha]^{\frac{1}{2}}$，其中 α 是該四邊形兩個對角的和之半。[38]此

---

[36] 引 Katz，《數學史通論》（第 2 版），頁 180。

[37] 同上。

[38] 參考 Boyer, *A History of Mathematics*, p. 242。

外，還有 **(圓) 環形 (wheel-circle)** 面積公式：如令外圓之圓周、直徑分別為 C_2、D_2，且內圓分別為 C_1、D_1，則環形之面積如下：

$$A \approx \frac{C_1 + C_2}{2} \cdot \frac{D_2 - D_1}{2} \quad \text{（「近似」公式）}$$

$$A \approx \frac{C_1 + C_2}{2} \cdot \frac{D_2 - D_1}{2} \cdot \sqrt{10} \quad \text{（「精確」公式）}$$

在上述兩個公式中，「近似」的反而是精確的，而且該式與中國《九章算術》中的「環田術」完全一致，[39]史家對於第 2 式從何得來，還不完全清楚。[40]

　　《計算方法綱要》第 7 章延續幾何主題，不過，卻是處理立體體積之計算，其標題稱之為**「挖掘（計算）之步驟」**，也包括堆垛 (pile) 與鋸材 (sawing) 問題，都呼應了作者摩訶毘羅所參考的《婆羅摩修正曆數書》的內容。在該書中，婆羅摩笈多也提供了八個步驟，與本節所介紹的摩訶毘羅之步驟相當類似。[41]比如，他們的第 8 個都是測量竿影之計算。

　　總之，摩訶毘羅的確在他的《計算方法綱要》中，蒐羅了如負數與零、庫塔卡與無理根計算等等被歸類為「代數」主題的法則，而且也大幅度保留了阿耶波多以降，大約四百年內著名算家之著作精華（見本書第 1.2–1.5 節）。不過，正如數學史家普洛夫可所指出：儘管經由

---

[39] 《九章算術》環田術：「并中、外周而半之，以徑乘之，為積步」。術文中的「中、外周」依序是「內圓周」與「外圓周」。

[40] Plofker, *Mathematics in India*, p. 170.

[41] Plofker, *Mathematics in India*, p. 141.

算書內容的注解與重編，不同世代數學家分享了許多結果與方法，然而，他們在數學的基本結構與呈現上，還是頗為分歧。特別是我們將它與同一時期的**希臘化數學 (Hellenistic Greek mathematics)** 進行對比時，這個現象尤其顯著。[42]

1.6 婆什迦羅二世（第十二世紀）：印度算學正典的確立

「誰周覽《麗羅娃蒂》全部篇章？在數學的殿堂裡你將領略其歡欣和愉悅。」這是婆什迦羅二世在他的經典名著《麗羅娃蒂》中，對讀者的殷切呼喚。這種梵文數學與詩韻文字的結合，讓印度數學展現了相當絢麗的一面。譬如，下一題就是一個絕佳例子：

> 帶著美麗眼睛的少女──麗羅娃蒂，請你告訴我：茉莉花開香撲鼻，誘得蜜蜂忙採蜜，熙熙攘攘不知數。全體之半平方根，飛入茉莉花園裡。總數的九分之八，徘徊園外做遊戲。另外有一隻雄蜂，循著蓮花的香味，進入花朵中被困。一隻雌蜂來救援，環繞於蓮花周圍，悲傷地飛舞低泣。問蜂群共有幾隻？

如果借用現代符號求解，此一問題本質上是一個一元二次方程式問題，答案是：蜜蜂有 72 隻。[43]

婆什迦羅二世是印度數學史上首位被後人樹立紀念碑表彰的數學

[42] Plofker, *Mathematics in India*, p. 171.
[43] 引蔡聰明，〈蜜蜂與數學〉。

家。該碑設立於 1207 年 8 月 9 日，其背景故事乃是由於他的孫子坎迦迪瓦 (Cangadeva) 獲得當地統治者的贊助，即將建立一所學校，專門研究婆什迦羅二世的數學與天文著作。因此，碑文記載他的前七代及後兩代家世系譜，當然也不令人感到意外。事實上，他的學問都可以追溯到源遠流長的宮廷學者群，他們都是出自印度中西部的星象專家。他的父親馬黑瓦拉 (Mahesvara) 當然也以星象學聞名於世。後來，他被任命為烏賈因——第十二世紀印度主要數學中心天文臺臺長。他的家學淵源，讓他成為許多知識領域的專家，當時的學者曾經讚譽他為「學問之王」。諸如此種家庭世代都是出色的數學家，得以指導其他家庭成員的情況，在印度古代社會也經常發生。❹

　　婆什迦羅二世著有《麗羅娃蒂》和《**算法本源**》(*Bija-ganita*)。這兩部著作被認為是中世紀印度數學成就的最高標誌。《麗羅娃蒂》據傳是作者題獻給自己女兒，以安慰她的失婚。其實，*Lilavati* 字面上的意思就是「**美妙的**」(beautiful) 或者「**遊藝的**」(playful)。該書內容由一系列運算法則以及例題構成，主要涉及算術，但也包含幾何、三角法和代數學的部分，內含豐富的初等數學知識。《麗羅娃蒂》全面發展了自阿耶波多以來印度數學的各項成就，其中，還有許多「訂正」前人的結果，譬如，婆什迦羅二世除了給出「精確的」π 值 $\dfrac{3927}{1250}$、❺「實用的」π 值 $\dfrac{22}{7}$，還給出圓面積公式 $A = \dfrac{D \cdot C}{4}$，球表面積公式 S

---

❹ Plofker, *Mathematics in India*, p. 182.

❺ 按《九章算術》圓田術「劉徽注」也有此一近似值：「全徑二尺與周數相約，徑得一千二百五十，周得三千九百二十七，即其相與之率。」參考郭書春，《九章算術譯注》，頁 53–55。

$= \dfrac{4D \cdot C}{4}$，$V = \dfrac{S \cdot C}{6}$，其中 D、C 分別為圓的直徑與周長，等等。[46]這個有關圓面積與球體積的精確 (exact) 公式，首見於梵文數學文本。所有這些，都是《麗羅娃蒂》被譽為第十二世紀古印度最有影響的數學著作的主要原因。數學史家普洛夫可在她的《印度數學史》(*Mathematics in India*) 中，將《麗羅娃蒂》視為印度數學的「**正典**」(canon)，是相當有洞識的評價。也正因為如此，它也被充當教科書達好幾個世紀之久，甚至今日仍有一些梵語學校還在使用。[47]

事實上，婆什迦羅二世在《麗羅娃蒂》中，除了根據正整數、分數、零等參與運算的數的類別，討論加、減、乘、除、平方、開平方、立方、開立方等八種基本運算之外，也介紹了比例算法、等差數列求和、等比數列求和等問題。另外，婆什迦羅在圓、球的相關計算已經見諸於上一段。《麗羅娃蒂》也討論了排列組合問題，例如，討論用 3，8，9 三個數字組成一個三位數，數字不得重複，求出這些三位數的總和等問題。由此可知，在古代文明中，排列組合問題似乎最早在印度出現。

以上是《麗羅娃蒂》的內容大要。它之所以後來成為印度算學「正典」，還由於它的體例被後代算家所仿效。事實上，全書的第一首詩句是祈求象神迦尼薩 (Ganesa) 的保佑，[48]這是他們文化傳統的慣例。然

---

[46] Plofker, *Mathematics in India*, p. 190.

[47] 參考 Plofker, *Mathematics in India*, pp. 173–216. 普洛夫可將婆什迦羅二世的故事，放在前引書的第 6 章 The Development of "Canonical" Mathematics。

[48] 象神是濕婆神與雪山女神之子，他是創生與破除障礙之神。「他也協助信眾接近其他的神祇，世人相信迦尼薩帶來成功和幸福。印度教在舉行儀式之前、結婚、朝聖前、出遠門、拜師開學、開店都會敬拜迦尼薩」。https://www.easyatm.com.tw/wiki/%E8%B1%A1%E7%A5%9E。

後，在第 2–272 首詩句則是連成一氣，但也依序分組交代該書的幾個
主題，如下所述。

詩句 2–11：（常用的）度量衡制。按十進位制來表達大數，
最高到 10^{17}。

詩句 12–47：有關整數、分數與 0 的八個運算。（這八個運算
是：加法、減法、乘法、除法、平方、平方根、立方，以及
立方根。）

詩句 48–55：根據簡單的乘除法，由已知量求所求（未知）
量。

詩句 56–72：「擬代數」算法 ("pseudo-algebraic" algorithms)。

詩句 73–89：三率法及其變貌。

詩句 90–116：混合量的計算。

詩句 117–134：級數。

詩句 135–198：三角形、四邊形的幾何。

詩句 199–213：圓形、球體、球表面積，以及弦的幾何。

詩句 214–240：挖掘、堆垛、鋸材、堆積、影長。

詩句 241：基於三率法的五或更多的數量之計算。

詩句 242–260：粉碎法（或庫塔卡）。

詩句 261–271：字串的排列與組合。

詩句 272：呼應首句，希望象神迦尼薩帶來成功與幸福。

上述有關代數單元的標題及其排列順序，《算法本源》也大致出
現，儘管後者不涉及幾何學。此外，《算法本源》在知識層次上也比較
高深。事實上，專精印度數學史的普洛夫可就指稱：「它是印度傳統中

現存最早的、也是代數學科獨立現身的一部論著」。茲將其「目次」引
述如下：

第 1 章：正、負量的六種運算。

第 2 章：與 0 有關的六種運算。

第 3 章：與未知數有關的六種運算。

第 4 章：與「開不盡平方根數」(karanis / surds) 有關的六種
　　　　運算。

第 5 章：粉碎法（或庫塔卡）。

第 6 章：「平方數性質」(square-nature)（二次不定方程式或
　　　　佩爾方程式的求解的基本法則）。

第 7 章：「平方數性質」問題的循環算法 (cyclic method)。

第 8 章：單一未知數的方程式。

第 9 章：二次方程式。

第 10 章：多於一個未知數的方程式。

第 11 章：兩個未知數的二次方程之求解。

第 12 章：未知數的乘積。

第 13 章：結論。

　　至於婆什迦羅二世的《算法本源》內容，最值得我們引述討論的
章節，莫過於有關 0 的算法，顯然，他意在呼應婆羅摩笈多的論述。
在該書第一章第三節中，婆什迦羅二世提出 0 的加減法則：

　　一個量，不論是正的量還是負的量，加上零或減去零都保持
　　不變。但如果這個量被零減，則得到相反的量。

上引最後一個法則指出：0－3＝－3。其次，有關乘除法則，則有如下列：

> 請告訴我：零乘以 2 積是多少？零除以 3 商是多少？3 除以零商是多少？零的平方？零的平方根？

針對零作為除數的「3 除以零商是多少？」，婆什迦羅二世的答案是：

> 被除數 3，除數 0，商為分數 $\dfrac{3}{0}$。

「這個分數，其分母為零將表示一個無限大量。」這是婆什迦羅將 $\dfrac{3}{0}$ 視為「分數」的一個有關「零」的認知。最後，他還給出如下評論：

> 這個以零做分母的而構成的量，無論加入或取出多少量，都不會發生任何變化；就像無窮而永恆的上帝，歷經宇宙洪荒或創生時期而沒有任何變化一樣，雖然那時有各種生物被大量吞滅或產生。[49]

　　由此可見，不管是婆羅摩笈多或是婆什迦羅二世，都對 0 的概念及其運算意義，充滿了高度好奇心。這個數學史上的插曲是否與印度的（宗教）文化史有任何相關？[50]數學家／科普作家卡普蘭的《從零開始》(*The Nothing That Is: A Natural History of Zero*) 的說法值得參考。

---

[49] 引婆什迦羅二世，《算法本源》第一章第三節「零」。參考李文林主編，《數學珍寶》，頁 94–95。

[50] 其實，他們對於極大、極小數目的著迷，也是其他文明相當少見的案例。參考卡普蘭，《從零開始》。

1.7　喀拉拉學派與冪級數（第十四世紀末－第十七世紀初）

　　印度數學史上最著名的學派，當推活躍於十四世紀末到十七世紀初的瑪達瓦 (Madhava) 傳系。至於其名氣所以響亮，或許是因為他們的幾個與三角函數有關的無窮級數展開式，後來也曾在十六世紀拉丁歐洲的數學界「現身」（參考《數之軌跡 III：數學與近代科學》第 1.4 節）。那種概念上的類似性 (conceptual similarities) 相當「誘人」，因此，數學史家大概都免不了遐思：十六世紀西歐數學是否受到印度數學傳播的影響？

　　瑪達瓦這位宗師主導的師徒傳系 (guru-parampara/chain of teachers) 之活動範圍，就位於印度半島西南沿海的喀拉拉邦，他們的著作多半以梵文或馬拉雅拉姆語（Malayalam，喀拉拉邦方言）寫成，因此，他們也被稱為喀拉拉學派 (Kerala school)。喀拉拉邦是位於西高止山脈與印度洋之間的一塊狹長地帶，它是胡椒的主要產地，還有，地理位置也讓它成為一個重要的國際商業中心，種族組成相當多元，除印度人外，還有阿拉伯人、（信奉聶斯脫里主義的）基督徒，以及少數的猶太人。

　　瑪達瓦學派的部分著作以他們的方言寫成，就足以見證他們可以跨越印度種姓 (caste) 的藩籬。瑪達瓦屬於婆羅門階級中的 Emprantiris，地位低於 Nampitiris，但是，他的徒孫如桑卡拉 (Sankara) 與阿基塔 (Acyta Pisarati) 都來自低階種姓吠舍（庶民階級），❺他們甚至可以成為學派教師或是典籍的評論者，後者就包括原

---

❺ 印度四大種姓如下：婆羅門 (Brahmin)、剎帝利 (Kshatriya)、吠舍 (Vaishya)，以及首陀羅 (Shudra)。

本禁止非婆羅門階級閱讀的梵文經典。瑪達瓦最著名的數學成就有 $\frac{\pi}{4}$ 的「**瑪達瓦－萊布尼茲展開式**」、正弦及餘弦的「**瑪達瓦－牛頓冪級數展開式**」。不過，我們僅能從他的學派後期成員的幾首韻文，看出一些端倪。此外，他的天文學文本倒是有許多流傳下來，根據其中所提及的塞迦紀年 (Saka-era) ，❷這些文本的出現年代相當於西元 1403 年及 1418 年。由此，我們也可推論他生於十四世紀中葉。

　　現在，我們且引述喀拉拉學派的若干成就。在圓周率 π 近似值的逼近方面，他們給出 $\frac{C}{D}$ 的數值結果 （C、D 分別代表圓的周長與直徑） 為 2,827,433,388,233/900,000,000,000,000，大約等於 3.14159265379，準確到第十一位小數，當然比起「傳統」近似值 $\frac{355}{113}$ 要來得準確。❸此外，有關瑪達瓦－萊布尼茲無窮級數展開式，我們引述經由現代符號「直譯」的式子：

$$C \approx \frac{4D}{1} - \frac{4D}{3} + \frac{4D}{5} - \cdots + (-1)^{n-1}\frac{4D}{2n-1} + (-1)^n\frac{4Dn}{(2n)^2+1}$$

其中，C 代表某圓周長，$D = 2R$ 代表直徑。這原本是圓周長的 （逼近） 計算公式。若上式「$\approx$」兩邊各除以 $4D$，就會得到瑪達瓦－萊布尼茲展開式，但多了修正項 $(-1)^n\dfrac{n}{(2n)^2+1}$。

　　這個公式由第五代傳人桑卡拉 (Sankara) 保存下來，❸他歸功給學

❷ 印度歷史上的一種紀年方法，比西元紀年晚 78 年。

❸ 參考 Plofker, *Mathematics in India*, pp. 221–222。

派祖師爺瑪達瓦。至於其他公式如反正切函數的冪級數（詳本節後文段落）、正餘弦函數等等的展開式，還包括有收斂得比較快的有關 π 之展開式：

$$\pi = \frac{3}{4} + (\frac{1}{3^3 - 3}) - (\frac{1}{5^3 - 5}) + (\frac{1}{7^3 - 7}) - \cdots$$

喀拉拉學派的數學家利用這個改良過的級數，導出 π 的更精密近似分數：$\frac{104348}{33215}$，按十進位小數表示，即是準確到小數點後第九位的近似值：3.141592653。

　　為了深入理解喀拉拉針對三角函數展開冪級數的進路，我們在此將引述數學史家卡茲運用現代符號，「**還原**」加斯特德維 (Jyesthadeva)——第四代傳人——有關反正切函數的展開式方法。加斯特德維針對也是第四代傳人尼拉康達 (Nilakantha) 的著作進行評論，並將該書中的級數詳細推導。不過，他也將那些公式的發現歸功於學派宗師瑪達瓦。

　　加斯特德維首先證明了一個引理：

如圖 1.7。設 BC 是圓 O（半徑取單位長）的一小段弧。如 OB、OC 分別與從圓上任一點 A 所引出的切線相交於點 B、C，則弧 BC 近似等於下式：弧 $BC \approx \dfrac{B_1 C_1}{1 + AB_1^2}$。

---

❸ 從瑪達瓦到桑卡拉，中間的三代依序是 Paramesva、Damodara（前者的兒子）、Jyesthadeva 與 Nilakantha。參考 Plofker, *Mathematics in India*, pp. 218–221。

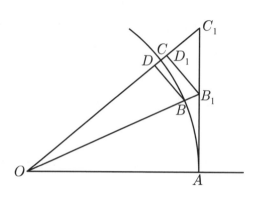

圖 1.7：從切線求弧長

由於 $\triangle OBD \sim \triangle OB_1D_1$，$\triangle B_1D_1C_1 \sim \triangle OAC_1$，根據相似形原理，可得

$$\frac{BD}{B_1D_1} = \frac{OB}{OB_1} = \frac{1}{OB_1}$$

$$\frac{B_1D_1}{B_1C_1} = \frac{OA}{OC_1} = \frac{1}{OC_1}$$

因此，$BD = \dfrac{B_1C_1}{OB_1 \cdot OC_1}$。當弧 BC 很小時，$OB_1 \approx OC$，所以

$$BC \approx BD = \frac{B_1C_1}{OB_1^2} = \frac{B_1C_1}{1 + AB_1^2}$$

得證引理。現在，將弧 AC 對應的正切 $t = AC_1$ 等分成 n 段，針對每一段，應用前述引理，然後，令 n 趨近無限大，得

$$\arctan t = \lim_{n \to \infty} \sum_{r=0}^{n-1} \frac{\dfrac{t}{n}}{1 + (\dfrac{rt}{n})^2} = \cdots = t - \frac{t^3}{3} + \frac{t^5}{5} - \frac{t^7}{7} + \cdots$$

其中，加斯特德維在推導過程中，使用了後來被英國數學家沃利斯
(John Wallis, 1616–1703)「重新發現」的定理：

$$\lim_{n \to \infty} \frac{1}{n^{p+1}} \sum_{j=1}^{n-1} j^p = \frac{1}{p+1}$$

　　綜合來看，喀拉拉學派的進路顯然是運用 「**切線**」（圖 1.7 中的
AC_1）來求「**圓弧**」（圖 1.7 中的 BC）的近似值，至於其關鍵方法則
是利用上述引理，而找到反正切的幂級數展開式。他們的進路十分精
巧，充滿創意，[55]不愧是古代印度數學家留給現代數學史家的最大驚
奇之一。於是，喀拉拉的成果是否曾經傳到西歐，而成為微積分發展
的先驅？就成為目前印度數學史學頗為熱門的議題，不過，數學史家
卡茲倒是注意到伊斯蘭數學家阿爾・海塞姆 (al-Haytham, 965–1040)
有關整數乘幂求和問題（見上述沃利斯定理）之研究，與喀拉拉的相
關研究相當類似，這指出另一種「**反向傳播**」的可能路徑，亦即喀拉
拉學派可能承續了伊斯蘭的成果也說不定。[56]儘管如此，數學史家普
洛夫可認為喀拉拉學派所使用的進路，無不是梵文數學傳統中的相似
直角三角形以及無窮小量之「**迭代運用**」，因此，在缺乏最關鍵的直接
文獻證據 (direct documentary evidence) 的情況下，喀拉拉學派的 「類
微積分」 成就應該是基於印度本土文化的產物。[57]不過，流傳極為有
限，想當然耳對印度數學的影響微乎其微。

---

[55] 參考 Katz，《數學史通論》（第 2 版），頁 386–387。

[56] Katz, "Ideas of Calculus in Islam and India."

[57] Plofker, *Mathematics in India*, pp. 251–253.

1.8　印度與伊斯蘭的數學交流

　　印度數學 「**西進**」 到西亞與歐洲的仲介是穆斯林 ， 薩珊帝國 (Sasanian Empire, 224–651)──波斯第二帝國，在「**前伊斯蘭**」時期就已經扮演著重要角色。儘管史料十分有限，但印度天文學在西元後幾世紀間，曾影響波斯中部的薩珊天文學著作。印度十進位數碼及其運算更是如此。在伊斯蘭崛起之後，穆斯林科學家可能從伊朗的西亞或其他地區，甚至直接經由翻譯，而學習印度數碼，被稱為 zij 或 zig 的天文學著作，顯然就有梵文來源的知識。

　　在本章一開始，我們針對從阿拉伯文到拉丁文的 sine（正弦）之語源，已經說明其始於梵文的演變過程，這就清楚顯示：印度與伊斯蘭之間的數學交流（尤其是從印度傳到阿拉伯世界）之史實。另一方面，印度人所發明的十進位制數碼，也顯然由於伊斯蘭的使用，從而傳入歐洲發揚光大，最後在西元 1500 年左右，演變成我們今日熟悉的形式。[58]

　　那麼，究竟如何傳入伊斯蘭世界？有一個傳說涉及下一章 （第 2.4 節） 我們還將介紹的阿爾·伯魯尼 ， 他是第十一世紀的伊斯蘭的「印度通」，在伊斯蘭與印度的交流上，扮演了極重要的角色，儘管數學史家普洛夫可認為他的梵文素養並未到位。這個傳說根據阿爾·伯魯尼的轉述，西元 771 年時，[59]哈里發曼蘇爾在巴格達的官邸接待了印度大使，得到後者送他的禮物，那是婆羅摩笈多的《婆羅摩修正曆數書》。曼蘇爾請求宮廷學者翻譯成阿拉伯文，於是，《婆羅摩修正曆

---

[58] 馬祖爾，《啟蒙的符號》，頁 77–136。

[59] 數學史家卡茲認為年代是西元 773 年。Katz，《數學史通論》（第 2 版），頁 190。

數書》中所使用的**印度數碼 (Hindu numeral)**，從此傳播到伊斯蘭世界了。⑥⁰

另一方面，阿爾·花拉子密的《印度計算法》對於十進位制算術的發展，當然居功厥偉。不過，它僅存拉丁文版。現存最早的阿拉伯算術著作，則是烏格里狄西 (Abu'l Hasan Ahmad ibn Ibrahim Al-Uqlidisi, 920–980) 的《**印度算術**》(***Kitab al-fusul fi al-hisab al-Hindi***)，⑥¹他於西元 952 年在大馬士革寫下此書，其中，他闡明了印度數碼及其運算系統所以最終獲得成功的一個主要原因：

> 大多數文書不得不使用它（指印度計數法），因為它容易、快捷、不需多少準備，不要多少時間便能得到答案，也不需在心裡忙於計算，即必須盯住自己的雙手，使得在他講話時不至於破壞他的計算；並且當他離開去做別的事再轉回來時，他將發現它仍是原樣，因而可以繼續算下去而免去了記憶的麻煩，從而又繼續做他的事了。其他的（算術）就不一樣了，需要扳弄手指並做其他必須做的事。大多數的計算者不得不使用它（印度方法）來處理那些不能用手處理的數，因為它們實在太大了。⑥²

現在，考慮印度三角學對伊斯蘭世界的影響。在西元第八世紀後

---

⑥⁰ 馬祖爾，《啟蒙的符號》，頁 104–105。

⑥¹ 根據史家卡茲的說明，伊斯蘭人在名字裡出現 Uqlidisi，即表示他與歐幾里得的學習有關。參考 Katz，《數學史通論》（第 2 版），頁 191。

⑥² Katz，《數學史通論》（第 2 版），頁 191。

期，印度曆算書《悉壇多》（*Siddhantas*，內容包括希帕科斯天文學）被引進巴格達，且被翻譯成阿拉伯文，於是，伊斯蘭天文學家與數學家對於翻譯傳入的托勒密《天文學大成》，當然「似曾相識」，因為從希帕科斯到托勒密的希臘天文學，本來就一脈相承。不過，由於伊斯蘭天文學深受古希臘幾何模型進路之影響，因此，他們從印度人身上所學到的，是天文學相關的三角學。事實上，阿拉伯的正弦、餘弦，以及正矢 (Versine) 都可以溯及梵文的源頭。[63]

另一方面，儘管交流的證據仍然相當零碎，但伊斯蘭初期的數學家及天文學家，還是相當方便取得印度與波斯的數學技巧，進而形塑其數學天文學的基本架構。不過，對於其他主題單元譬如代數學來說，有些數學家或數學史家對比（印度的）婆羅摩笈多 vs.（伊斯蘭的）阿爾·花拉子密有關二次方程式解法，發現他們的「**概念相似性**」(**conceptual similarity**)，而認定前者才是「**代數**」(**al-jabr/algebra**) 的發明者，至於後者則是襲自前者。針對這種比較史學進路常見的「**失誤**」，數學史家普洛夫可提出幾個理由來「**糾謬**」。首先，與阿拉伯不同，梵文的二次方程式之係數允許負數，因而，其分類不需要用到六種。其次，梵文的數學文本缺乏阿拉伯的幾何詮釋與演示 (geometric demonstration)，也就是，兩者有極大差距的（幾何）論證之必要性，這一點阿爾·伯魯尼也特別強調，請詳後文（第 2.4 節）說明。再有，誠如史家普洛夫可所指出：「中世紀印度的記號風貌，譬如表格式的原始方程式之格式，以及未知數的名詞之音節縮寫，就未曾被阿拉伯數學的純文辭式 (purely rhetorical) 的早期形式所採用。」[64]

---

[63] Plofker, *Mathematics in India*, p. 257.

[64] 引 Plofker, *Mathematics in India*, p. 259。

　　數學史家普洛夫可有關梵文數學 vs. 阿拉伯數學的風格之比較，也可徵之於同一文本但不同語文版本之對照。有一本十五世紀的波斯行星軌道幾何學著作以阿拉伯文撰寫，它在十七世紀被翻譯成為梵文，請參看兩種版本（一開始幾句摘錄）之對照：

　　波斯文版本：以憐憫的、慈悲的神為名。……一個可感知 (sensible) 的物件（字面意義是「indication 指示」），若它按任何方式都不可分，就被稱之為點。若它在一個方向上可分，它就被稱之為線。若它在兩方向可分，也就是說，它在長與寬上可分，但在高之方向不可分，它就被稱之為面 (surface)。

　　梵文版本：向象神迦尼薩致敬！……一個點是在可感知指示之範疇 (category) 中。由於它的渺小 (smallness)，它無論如何都不可分。……那麼，現在一個在某方向上可分，但在另一方向上不可分的物件，就用「線」這個字來表示。……那麼，現在，一個在兩方向上都可分的物件，就用「面」來表示。

可見前者展現了大部分伊斯蘭數學家所採用的歐幾里得風格，至於後者則無疑是梵文數學散文的一種闡述 (exposition)，其主要目的是以一種清楚與可理解方式來說明這些概念的意義，而非建構這些概念（按歐幾里得的定義呈現方式）的一種嚴密邏輯階層。[65]

　　在結束本節之前，我們還要提及婆什迦羅二世的數學著作之波斯譯本的故事。蒙兀兒帝國的第三位帝王阿克巴 (Akbar, 1542–1605) 曾在 1587 年，命令他的宮廷學者阿布・法第 (Abu al-Fayd Faydi) 翻譯

---

[65] Plofker, *Mathematics in India*, pp. 267–268.

《麗羅娃蒂》。在其譯序文中，法第提供一個首度現身的傳說故事，直到今天還不斷被傳誦：麗羅娃蒂是作者婆什迦羅二世的女兒，根據她出生時的星占，她注定終生未婚且無子嗣。但是，父親找到一個改運的辦法。他做了一個可漂浮在水面上的杯子，底部開一個很小的洞，水可慢慢流進，一小時後，若杯子沈沒水底，就可擺脫厄運。在一個吉日良辰施行改運時，出自好奇心，麗羅娃蒂觀看杯中水逐漸上昇，突然有一顆珍珠從她身上掉入杯子裡，恰好堵住進水口。一小時後，杯子並未沈沒，因此，麗羅娃蒂還是得面對永遠未婚的命運。為了安慰女兒，婆什迦羅二世說：「我要寫一本書，以妳的名字為書名，讓妳流芳萬世；因為好名聲是一個人的第二生命，也是不朽的基礎。」[66]

1.9　印度與中國的數學交流

　　史家李約瑟 (Joseph Needham) 曾指出中國和印度數學存在著諸多的平行性，但是，其中是否存在交流和傳播，則很難有明確的結論。長期以來，很多學者都注意到中國和印度的代數成果、算法、計數系統有著相似之處。例如，在涉及證明或推導錐體體積公式的時候，中國和印度都使用了無窮分析和極限方法，這並非出於偶然，而是數學內在的必然要求，可惜的是中國和印度古代數學的主要目的是在尋求算法，對於算法的分析和證明並沒有特別的需要，也或許是物理學在中國和印度不是很發達，最終中國和印度關於無窮問題所特有的思想和成果，無法匯入之後微積分發展的洪流中。[67]又例如前面提及古代

[66] 這個故事還有其他版本，參考 Plofker, *Mathematics in India*, pp. 270–271。中文解說可參閱蔡聰明，〈蜜蜂與數學〉。

印度數學解不定方程的一套方法「庫塔卡」，與中算「大衍求一術」的比較，二者之間具有算法結構上的相似性或數學原理上的等價性，但史家也認為這無法明確說明中國和印度在此問題上有過交流，此處的相似性很可能是不同文明在數學發展過程中的一種巧合。[67]

　　現在，讓我們引述印度算學概念（比如說數詞）可能藉由佛經傳入中國的證據。東漢時期中國已經開始翻譯佛經，和印度佛教徒頻繁往來，據說從四到八世紀之間，去印度留學的中國僧人就超過 160 名。事實上，前文我們在介紹阿耶波多時，所提及的巴特利普特那，在玄奘的《大唐西域記》中就翻譯成「華氏城」，還有，數學研究中心烏賈因，則被稱為「烏萇」，那是玄奘等人長期留學之地。《大方廣佛華嚴經》卷四阿僧祇品第三十提到一些數詞，譬如「一百洛叉為一俱胝（也就是萬），俱胝俱胝為一阿庾多，阿庾多阿庾多為一那由他……」，其進位規定可以呼應到《數術記遺》中的「上數者，數窮則變，若言萬萬曰億，億億曰兆，兆兆曰京也」。[68]

　　此外，瞿曇悉達（印度裔天文學家）在中國唐玄宗開元六年 (718) 擔任太史監時，將《九執曆》譯成中文，後收入《開元占經》。其中，傳入圓弧的量法（一圓周為 360 度）、正弦函數數值表，以及印度數碼與筆算。有關印度數碼及筆算，《九執曆》記載如下：

[67] 紀志剛、郭圓圓和呂鵬，《西去東來：沿絲綢之路數學知識的傳播與交流》，頁 189–190。

[68] 參考呂鵬、紀志剛，〈印度庫塔卡詳解及其與大衍總數術比較新探〉，頁 186。

[69] 李儼有關婆羅門天竺數學輸入中國的見解之一，《李儼錢寶琮科學史全集》第一卷，頁 102。

> 算法字樣　一字　二字　三字　四字　五字　六字　七字
> 八字　九字　‧點。
> 右天竺算法用上件九個字，[70]乘除其字皆一舉札而成。凡數
> 至十進入前位。每空位處，恆安一點，有間咸記，無由輒錯，
> 運算便眼。[71]

不過，當時（唐代）史官卻評論說：「其算皆以字書（按：筆算），不
用籌策。其術繁碎，或幸而中，不可以為法，名數詭異，初莫之辨
也。」甚至到了十二世紀中國宋代的沈作喆還批評說：

> 自在主學童修學書算數，印以菩薩算法，算無量沙聚，悉知
> 顆粒多少，又能算知十方世界種種差別。然非有本因定數，
> 佛亦何自知？一涉於數，無有隱顯多寡鉅細，則得而知之矣。
> 蓋象數之外，不可測也。夫孰有出於象數之外者乎？[72]

　　儘管唐代中國人似乎對於佛經所傳入的表徵大數或小數之名詞頗
有興趣，譬如極、恆河沙、阿僧祇、那由它、不可思議、無量數等等
的大數記法；又如須臾、瞬息、彈指、虛、空、清、靜等等的小數記
法，[73]至少在（即使是現代）禮佛的常民之間，並不陌生。然而，這

---

[70] 在此，印度數碼的「零」是以一點「‧」表示。另外，中文由右至左豎寫，因此，
這些算法字樣在文獻中置於「右」邊。

[71] 轉引郭書春主編，《中國科學技術史：數學卷》，頁335。

[72] 此段評論出自沈作喆，《寓簡》卷七結尾。

[73] 這些大、小數名詞俱見諸於同一部中國算書，首推元朝朱世傑的《算學啟蒙》（「總
括」）。

些數碼及其筆算並未被中國學算者所接受。數學史家針對此一現象，也提出可能成因的說明：「傳刻本沒有印出印度數碼符號，但從注文可知符號是一筆畫寫成的，以點代表零的空位，且採用十進位制記數。當時中國曆算家習慣於用算籌演算，未能體會到數碼和筆算的優越性，因此未能被中算家所接受。」**❷❹**

　　以上，是印度曆算學、天文學傳入中國唐朝的大概內容。現在，我們反過來介紹中國算學傳入印度及其影響。第五世紀後的印度分數表徵與中國相同，三率法與《九章算術》「**今有術**」相同，**❷❺**甚至婆什迦羅二世的勾股定理證明，也與三國孫吳的趙爽方法相同（見《周髀算經》趙爽注）。還有，中國的重差術、開方術及相似勾股形，都可以在印度的算學著作中，找到類似的問題及相關解法，譬如阿耶波多的「**竿長**」題 vs. 劉徽「**島高**」題（見第 1.2 節）。此外，也有一些錯誤的算法或近似結果，譬如《九章算術》中的「**弧田術**」與「**開立圓術**」（誤差都頗大），卻都一樣出現在九世紀的摩訶毘羅著作之中（參考第 1.5 節）。

　　由於這種「錯誤」也一模一樣的情況，數學史家錢寶琮認為印度很可能「抄襲」中國，因為印度相關著作的問世年代，都較中國來得晚。還有，印度的一些古算名題也與中國算經上的問題，具有驚人的

---

❷❹ 引郭書春主編，《中國科學技術史・數學卷》，頁 335。

❷❺ 中國科學史家李約瑟 (Joseph Needham) 注意到：在漢語與梵文中，表示「分子」的術語完全相同，在漢語中，它叫做「實」，梵文則稱之為 "phala"，是「果實」的意思。同樣地，表示分母的漢語是「法」，在梵文中稱之為 "pramana"，是「主項」的意思，兩者都代表標準單位的長度。還有，印度人使用的「三率法」如下：三率法是實乘以要求項。乘積除以主項，得對應於實的所求項。此一方法可表示成如下運算式：所求項 =（實 × 要求項）÷ 主項。參引李文林主編，《數學珍寶》，頁 78。

「相似性」。[76]譬如，印度的水槽問題、蓮花問題分別與《九章算術》中的「**五渠共池**」、「**引葭赴岸**」問題完全雷同。至於《九章算術》中的「**竹高折地**」問題、《孫子算經》中的「**物不知數**」題，以及《張丘建算經》中的「**百雞術**」，則在婆羅摩笈多與摩訶毘羅的著作中，都出現本質一致的類題。可見，中國算書確曾傳入印度才是，只是什麼時代？管道如何？都還有待進一步研究。[77]

 ### 1.10　印度數學史學的若干問題

儘管印度號稱文明古國之一，然而，可靠的史料卻不足以提供一個適當的脈絡，讓我們比較容易說明它的數學成就。史家吳俊才在他的《印度史》所指出：「印度本國於印度歷史的研究，都是到了 1947 年脫離英國殖民統治後，才特別加以留意。而在此前的英國殖民時期，再之前的蒙兀兒帝國時期，都是異族入主印度，並不鼓勵印度人研究自己的歷史。印度人又沒有構造起一種有效的保存重大歷史事件的制度。」他引述阿爾・伯魯尼的見證說：「印度人不十分注意事物的歷史次序；他們在述說國王的年代系列時是漫不經心的，當要他們非說不可的時候，就困惑起來，不知說什麼好，他們總是代之以講故事。」的確，「在印度不存在類似其他國家的相對可靠的官方史書，卻存在著大量宗教典籍、文學作品和民間傳說；許多歷史事件就混在這些東西裡面流傳下來（印度人沒有保存文獻於後世的習慣，相關資料多靠歷代口傳保留下來）。所以關於古印度歷史的史料，必須從各種來源中搜

---

[76] 參考錢寶琮，〈印度算學與中國算學之關係〉，《李儼錢寶琮科學史全集》第九卷，頁 27–34。

[77] 郭書春主編，《中國科學技術史：數學卷》，頁 338。

集，有時甚至要到文學和自然科學著作中去考證古代印度的歷史事件。」

　　上一段評論固然是針對印度一般歷史而發，但是，應用到數學史方面，現況也沒什麼差異。事實上，本章所轉述的故事，主要出自有能力辨讀梵文的印度數學史家，他們大都只能根據輾轉傳抄的文本，在**梵語數學散文 (Sanskrit mathematical prose)** 中，找尋印度古數學的法則與模式。不過，印度歷史人物名字及其著作書名的重複，始終給史家在掌握其傳承關係時，帶來相當程度的困擾。

　　無論如何，印度數學應該有其「**本土**」與「**外來融入**」兩部分。在「本土」部分，印度數學與宗教關係十分密切，這顯然是其他數學文明罕見的現象。當然，其代表文本《繩法經》是否也涉及巴比倫或泰利斯時代的希臘之交流，史家還無從釐清。不過，針對其中以及其他文本的幾何學內容，阿爾・伯魯尼卻給了頗為苛刻的批判，強調印度人接受希臘的數學資產，但並未掌握其嚴密論證之精髓。這一點在我們進行比較史學研究時，可以完全揭露無遺。

　　印度次大陸由於歷史因素與地理位置，一直受到外來強權的「**入侵**」或進一步「**落地生根**」，同時，每個地區所遭受的頻率與強度並不一致。因此，當我們提及「**印度數學**」一詞時，所謂的地理區域是指二戰之後印度獨立所劃定的地圖，而非古代印度次大陸的所有各族或區域的數學文明。將所有這些泛稱印度數學，當然有失精確。[78]這是我們在文化的交流過程中，進行比較史學研究時，非常值得關注的現象。

[78] 這也是「國別史」(national history) 的熱門議題，可參考周樑楷，〈國別史應該不斷被書寫〉，載麥卡夫與麥卡夫，《劍橋印度簡史》，頁 5–7。

總之，古代印度數學發展，有其極為獨特的面向，除了本土的成分之外，在「**融入**」外來知識時，也充分保留自身文化的特色。因此，儘管印度的人名與著作名稱帶給我們不少的困擾，印度數學史還是十分令人著迷，其中有許多思維進路，更是透露了深刻的啟發性，何況，梵文數學散文總是令人賞心悅目。

第 2 章
伊斯蘭數學史

2 伊斯蘭數學史

 伊斯蘭數學的歷史脈絡

在本章中，我們將簡要說明伊斯蘭數學的成就及意義。希望經由「伊斯蘭數學史」此一文明窗口，一起欣賞「異文化」的數學意義與價值。❷

如同希臘一般，阿拉伯的數學傳統中最為著名的，就是他們擁有共通的語言。在幅員遼闊的帝國裡，種族、文化背景，甚至宗教信仰互異的學者都使用阿拉伯文。共通的語言讓他們得以在彼此作品的基礎上，創造出煥然一新、生氣蓬勃的數學傳統。這個傳統從九世紀一直到十五世紀，持續活躍了數百年之久。

在本章中，我們將首先介紹時間大約是如此跨度的五位阿拉伯偉大數學家：阿爾‧花拉子密 (Mohanmmed ibn Musa al-Khwarizmi, 780–

---

❶ 如果不需明確地指涉，在本書中，「伊斯蘭數學」與「阿拉伯數學」將混用。這是因為本書所提及的數學家之活動範圍，不僅限於今日之阿拉伯國家，還包括土耳其及阿富汗，所以，有些史家比較喜歡「伊斯蘭數學史」之標籤。數學史家史特朵也指出，像伊本‧庫拉這樣的數學家，他們並非伊斯蘭教徒，同時，他們的著述也未涉及伊斯蘭教義信仰。不過，由於他們生活在伊斯蘭所主導的文化之中，因此，「伊斯蘭數學史」說不定是個更好的標籤。

❷ 洪萬生按：多年前，我與家人前約旦旅遊，由一位當地導遊帶路，前往貝都因族遺址佩特拉參觀。途中，我為了拉近彼此的陌生距離，特別提及阿爾‧花拉子密及奧馬‧海亞姆兩位數學家，結果沒想到這個「通關密語」，竟然是與阿拉伯人聯絡感情的最佳策略。

850)、 塔比・伊本・庫拉 (Thabit ibn Qurra, 826–901)、 阿爾・伯魯尼 (Abu Rayhan al-Biruni, 973–1048)、 奧馬・海亞姆 (Omar Khayyam， 1048–1131) 以及阿爾・卡西。❸經由這五位傑出的數學家之生平事蹟， 來貫穿阿拉伯數學史的敘事，從而認識這個文明對人類的貢獻。不過， 阿拉伯數學史中更獨特的篇章，則是其他文明罕見的遺產問題。藉由 本章第 2.8 節的簡要說明，我們或可藉此略窺《可蘭經》(*Koran*) 的博 愛精神。

有關阿拉伯的歷史，茲簡要說明如下。在西元第七世紀前半葉， 在先知穆罕默德的感召下，伊斯蘭教在阿拉伯半島得到居民的忠誠與 擁戴，迅速發展成一個新的阿拉伯文明。西元 630 年，穆罕默德占領 麥加，在不到一世紀的時間內，就征服了一大片土地。首先，它從拜 占庭帝國先後奪取敘利亞與埃及，西元 642 年征服波斯後，隨即前進 到印度和中亞部分地區。 西元 711 年， 它又進入北非及西班牙。 最 後，總算在圖爾戰役 (Battle of Tours) 被擋住，伊斯蘭帝國的征伐才停 了下來。此時，這個帝國的疆域遼闊，橫跨亞、非、歐三大洲，因此， 如何治理就變成為一個優先問題。於是，阿拔斯 (Abbasid) 王朝哈里發 曼蘇爾 (Caliph al-Mansul) 在定都於巴格達之後，開始積極建設，該城 很快地變成為一個國際大都會，商業繁榮，人才薈萃，超越種族背景 或宗教信仰的影響。 哈倫・賴世德哈里發 （Haroum al-Raschid, 789– 809 在位）建立一座圖書館，從近東地區各類學術機構蒐集大量手稿， 從而展開將它們翻譯成阿拉伯文的宏大計畫。於是，馬蒙哈里發 （al-

---

❸ 數學史家卡茲在他的《數學史通論》(第 2 版) 頁 227 中，列舉了十九位中世紀傑出 伊斯蘭數學家名錄，始於第九世紀的阿爾・花拉子密，直到第十五世紀的阿爾・卡 西。

Mamun, 813–833 在位） 建立智慧宮 (House of Wisdom)，廣納天下賢才，締造阿拉伯帝國最輝煌的文化成就。

到了九世紀末，智慧宮的學者已經將歐幾里得、阿基米德、阿波羅尼斯、托勒密以及其他希臘學者的主要著作，翻譯成阿拉伯文，此外，他們還學習了巴比倫的數學，以及印度的天文學。通過翻譯來學習外來的數學與天文學，智慧宮的建制顯然發揮了極大的功用，從而得以建立所謂具有獨特風格的「**伊斯蘭數學**」(Islamic mathematics)。在本章中，我們將依序在第 2.3 節、第 2.4 節中，以伊本・庫拉、阿爾・伯魯尼這兩位伊斯蘭數學家為例，來說明伊斯蘭 vs. 希臘、伊斯蘭 vs. 印度的數學交流，以及其引發的影響。至於第 2.9 節則將敘說伊斯蘭與中國（宋元時期）之間的交流。

另一方面，我在本章僅著重於介紹五位數學家（天文學家），相對於史家卡茲在他的《數學史通論》所列舉的十九位，占比大約四分之一而已。不過，篇幅所限，我們只能將其餘十四位數學家／天文學家及其數學主題方面的貢獻，❹依序引述如下，以供讀者參考：

九世紀	伊本・吐克 (ibn Turk)	二次方程
850–930	阿布・卡密勒 (Abu Kamil)	使用無理數
十世紀中期	庫西 (Abu Sahl al-Kuhi)	重心
十世紀中期	烏格里狄西 (Abu al-Uqlidisi)	最早的阿拉伯算術

❹ 數學史家葛羅頓－吉尼斯則列出二十三位，絕大部分與此一名單重疊，他也納入哲學、音樂與光學方面的貢獻者。參考 Grattan-Guinness, *The Fontana History of the Mathematical Sciences*, pp. 114–115。

940–997	阿布・瓦法 (Abu 'l-Wafa)	球面三角學定理
十一世紀初	阿爾・凱拉吉 (al-Karaji)	代數，歸納法最早使用
十一世紀初	阿爾・巴格達第 (al-Baghdadi)	無理數
965–1040	阿爾・海塞姆 (al-Haytham)	整數乘冪求和，拋物體
1125–1174	阿爾・塞毛艾勒 (al-Samaw'al)	多項式，二項式定理
十二世紀後	阿爾・圖西 (al-Tusi)	三次方程的解析
十三世紀初	伊本・穆恩依姆 (ibn Mun'im)	組合與置換
1201–1274	納西爾丁 (Nasir al-Din al-Tusi)	第 5 設準，三角學
十三世紀後	阿爾・法雷西 (al-Farisi)	友愛數，組合
1256–1321	阿爾・班納 (ibn al-Banna)	組合數結果之證明

　　此外，有些數學史著述會將「娛樂數學」(recreational mathematics) 納入。以伊斯蘭數學史為例，至少有兩個問題堪稱娛樂數學的典型代表，值得我們介紹。其一是棋盤 (chess-board) 問題，其二則是可能源自中國或印度的「百雞問題」("hundred fowls" problem)，我們將留待後文第 2.9 節再討論。針對前者，阿爾・花拉子密就撰寫專書《印度計算法》(Al-Khwarizmi on the Hindu Art of Reckoning) 進行討論，[5]或許這也見證了他的「姓」al-Khwarizmi 如何演變成為今日英文的 algorithm，因為解決這個問題，需要大量的計算。這個棋盤問題的最早伊斯蘭版本似乎如下：西洋棋的發明人被君

[5] 該書阿拉伯版已失傳。從拉丁文版中，我們可以看到他如何使用九個數碼及一個代表零的圓圈，來表達任意數，並進一步描述各種算法：加、減、乘、除、一半、兩倍，以及確定平方根。比較特別地，他經常使用埃及人的單位分數法，來表示任意分數。參考 Katz，《數學史通論》(第 2 版)，頁 191。

主詢問他希望如何獎賞。[6]他請求在棋盤的第一個方格上放 1 顆穀粒，第二個方格放 2 顆穀粒，第三個方格放 4 顆穀粒，等等依此類推直到第六十四個方格，然後，他將以這些累積的穀粒為獎賞。乍聽之下，君主覺得他的美意被貶低，因為這個獎賞看起來微不足道。只不過他馬上會意過來，其答案相當於如下等比級數的總和：

$$2^0 + 2^1 + 2^2 + \cdots + 2^{63} = 2^{64} - 1 = 18446744073709551615$$

當然，這個 「娛樂數學」 問題所以會展現出人意表的 「**驚奇**」 (wonder)，其關鍵全在於有相應的（運用印度－阿拉伯數碼）計算能力，而這正是將印度數碼發揚光大的伊斯蘭數學家所專擅的了。

2.2　阿爾‧花拉子密

阿爾‧花拉子密出生於波斯北部的花拉子密 (Al-Khwarizmi，今烏茲別克斯坦境內)，他現在被稱呼的名字，原來就是他的出生地。至於他的「真實名字」，則是「花拉子密（城）的穆薩之子默罕默德」。[7]

---

[6] 在數學普及書寫中，這個棋盤問題有許多版本，可參考洪萬生，〈棋盤上的穀粒：數大之奇〉。

[7] 這並非孤例，譬如，達文西就是出生在文西 (Vinci) 村的李奧納多 (Leonardo da Vinci)。此外，本書大部分伊斯蘭數學家通常只給省略的名字。但他們的名字中常見有 "ibn" 及 "abu" 這兩個詞，前者表示「……的兒子」，譬如 "ibn Musa" 表示「穆薩之子」。至於 "abu" 則表示「……的父親」，譬如 "Abu Kamil" 表示卡密勒之父親。參考 Katz，《數學史通論》（第 2 版），頁 191。

圖 2.1：阿爾・花拉子密紀念郵票

　　大約在西元 825 年，他的代數經典《還原與對消的規則》（拉丁文版書銜 *Hisab al-jabr w'al-muqābala*）問世，這是阿拉伯人對西方數學所做出的巨大貢獻之一。以方程式 $3x + 2 = 4 - 2x$ 為例，所謂 *al-jabr*（還原）是指將此式轉化成 $5x + 2 = 4$，至於 *al-muqābala*（對消）則是指轉化成 $5x = 2$。後來，這本（拉丁文版本）書銜中的 *al-jabr* 就演變成為英文字的 algebra，因此，或許有些（歷史）教科書的編輯就會「直覺地」認為：阿拉伯人發明了代數學。這個插曲還蠻有認知與歷史趣味，值得我們在此稍加轉述。

　　誰發明了代數學？這是臺灣 1982 年大學暨獨立學院聯合招生「中外歷史」科目考題，它要求考生要從下列「⑷日耳曼人；⑻希臘人；⑼阿拉伯人；⑽印度人；⑾猶太人」等五個選項中，選出單一答案。後來，聯招會公布了正確答案：⑼阿拉伯人。

　　不過，正如〈誰發明了代數學？〉一文中的評論，[8]「這個標準

---

[8]　參考洪萬生，〈誰發明了代數學？〉。

答案與代數學發展史的結論卻無法完全一致；其實，這個問題如果列在『多重選擇題』內，勿寧更為恰當，因為發明代數學的民族，還包括巴比倫人、希臘人、日耳曼人、義大利人、法蘭西人甚至中國人。」總結該文，我援引微積分的發明案例，來強調「誰發明了○○○？」之大哉問：

> 在科學史上談到「發明」總有許多的爭議，不過，對某些發明個例，也有一致的見解。比如數學史家就認定牛頓、萊布尼茲為微積分的兩個相互獨立的發明者，理由是他們曾經先後建立微積分的骨幹——微積分基本定理。在（初等）符號代數學中，對應的理論骨幹似乎沒有那麼明確，連帶地，究竟是哪一個「誰」或是哪些個「誰」發明了代數學，也就很難回答了。

　　針對上述同一議題，數學史家史特朵 (Stedall) 在她的《數學史極短篇》第 6 章中，就安排了「**重新詮釋**」(**Reinterpretation**) 及「**誰是第一個？**」(**Who was first...?**) 這兩節來討論這個「大哉問」。在前一節中，她追溯代數起源於古希臘丟番圖 (Diophantus) 之說，發現：在西元 1462 年，雷喬蒙塔努斯 (Regiomontanus/Johannes Muller) 曾在威尼斯檢視丟番圖的《數論》(*Arithmetica*) 的一份手稿，[9]並在三年之後，於帕多瓦 (Padua) 大學演講時，推許該經典是「所有數論之花朵⋯⋯今日則以阿拉伯為名的代數學風行於世」。他的講稿直到 1537 年才出版，不過，許多學者隨即接續這個主題，明確地指出：代數是

---

[9] 參考本書第 3.7.4 節。

丟番圖所發明，只不過被「阿拉伯人」所採用！這種希臘數學系譜的「收編」，❿當然立即賦予代數學的值得尊重與學術地位，不過，丟番圖所處理的問題在內容與風格上，與十二世紀傳入拉丁世界的阿拉伯代數學 (al-jabr) 完全風馬牛不相及，我們很難論斷後者是從前者推演出來。⓫

現在，讓我們回到阿爾・花拉子密的主題。在《還原與對消的規則》中，阿爾・花拉子密以二次方程式開端，接著討論實用幾何、簡易線性方程，以及如何運用數學知識來解決遺產問題，而其中最著名的部分，便是二次方程式。阿爾・花拉子密說明如何求解二次方程式，並且還利用幾何進路給出論證。這一進路後來由義大利數學家（「斜槓」醫生專業）卡丹諾 (G. Cardano) 仿效（參考《數之軌跡 III：數學與近代科學》 第 1.10 節），譬如，卡丹諾於西元 1540 年代就因襲阿爾・花拉子密，而將二次方程式分為如下六種類型（其中對照的現代方程式之係數 a, b, c 均為正數）：

- 平方等於根 ($ax^2 = bx$)
- 平方等於數 ($ax^2 = c$)
- 根等於數 ($bx = c$)
- 平方與根等於數 ($ax^2 + bx = c$)

---

❿ 這種 「收編」 在中國清初康熙身上也出現。 由於耶穌會傳教士傳入卡丹諾版 (Cardano's version，見下一段) 的西方代數（譯言：借根方比例法）被稱之為「東來法」，於是，清代中國人就斷定西（方算）學源出中國，因為此「東」係指中國。 請參考第 10.7 節。

⓫ 參考 Stedall, *The History of Mathematics: A Very Short Introduction*, pp. 97–99。

・平方與數等於根 ($ax^2 + c = bx$)

・根與數等於平方 ($bx + c = ax^2$)

然後，法國數學家（「斜槓」法律專業）韋達 (F. Viete) 在 1590 年代創建符號法則 (symbolism)，統整上述六種類型方程式而成為一種「單一的」二次方程式 $ax^2 + bx + c = 0$（其中 a, b, c 可為正或負，同時，等號一邊為 0）。這才逐漸地改變了代數學之主要書寫文類 (genre)。請參考《數之軌跡 III：數學與近代科學》第 1.9 節、第 1.10 節的說明。

事實上，阿爾・花拉子密所使用的方法，就相當於我們今日所說的「配方法」（配成完全平方「式」）。不過，其英文原名 complete the square，卻是不折不扣的幾何用詞，字面上就是「補成正方形」的意思。在此，我們就舉《還原與對消的規則》中的一個例題求解二次方程 $x^2 + 10x = 39$（以現代符號表示），來說明此一方法之要義。

這個方程式依上述分類，是屬於「**平方與根等於數**」的類型。阿爾・花拉子密的解法如下：

你將根的數（即係數）折半，在本例中得到 5。你將它自乘，其積是 25。將這結果加到 39，其和是 64。現在，取此數之（平方）根，得 8。將它減去根的（係）數之半，其餘數為 3。這就是你所求的平方（之）根，平方本身等於 9。

為了方便底下的解說，我們將上述解法「翻譯」成現代符號式子：

$$x^2 + 10x = 39$$
$$\Rightarrow x^2 + 10x + 25 = 39 + 25$$

$$\Rightarrow (x+5)^2 = 64$$
$$\Rightarrow x+5 = 8$$
$$\Rightarrow x = 3$$

在所有的二次方程（配方）解法中，阿爾‧花拉子密只取正根，在上例中，其根就是 3。事實上，這是「承續」巴比倫的「公式解法」（見第 2.3 節）。

緊接著，我們引述阿爾‧花拉子密承續巴比倫的**幾何演示 (geometric demonstration)**，請參考圖 2.2：

我們從 **AB** 這個方形 (quadrate) 開始，它代表正方形。我們的工作是將它加上同樣（維度）的 10 個根。為此目的，我們將 10 折半，而得到 5，且在 **AB** 方形的兩邊上，作兩個四邊形（長方形）**G** 與 **D**，其長度都是 5，而寬度則等於方形 AB 的一邊。然後，還留著一個正對著方形 **AB** 的方形（未補滿），其面積是 5 自乘，這個 5 是根的（係）數折半而得，而且我們已經加到第一個方形 (**AB**) 的兩邊。因此，我們知道第一個方形（是正方形），以及在它的邊上的兩個四邊形（是 10 根）加在一起，會等於 39。為了要去補大方形，那裡需要一個 5 乘 5（也就是 25）的正方形。為了補滿 **SH** 這個正方形，這個數 (25) 我們加到 39。其和等於 64。我們開它的（平方）根，得到 8，它是大四邊形的一邊。從這個數減去我們前面加上去的數，也就是 5，我們得到 3 這個餘數。這就是 **AB** 方形（是正方形）的邊、平方的根（數），至於平方本身就是 9。[12]

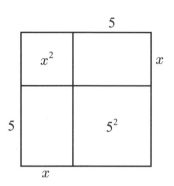

圖 2.2：巴比倫求二次方程根的幾何演示

　　至於阿爾・花拉子密為何撰著《還原與對消的規則》？請參看他的
自序。他的著述動機出自：

> 對科學的喜愛，而真主正是根據科學選擇了忠誠教徒們的統
> 領依瑪目馬蒙……他對於有學問的人表達出的謙遜和屈尊，
> 他保護和支持他們在克服困難方面所顯示的果斷和迅捷，所
> 有這些鼓勵了我創作一部短小的著作，運用 *al-jabr* 和 *al-*
> *muqābala* 作運算，並把它限於算術中那些最容易和最有用的
> 部分，諸如人們在繼承遺產，分割財物，法律訴訟，貿易以
> 及其他的一切交往中所經常需要的方面，或者是在需要丈量
> 土地，挖掘運河，幾何計算以及其他各式各樣的方面。[12]

　　儘管如此，史家卡茲卻認為阿爾・花拉子密的興趣在於寫一本實

---

[12]　引 Neill et al., eds., *The History of Mathematics*, p. 65。

[13]　轉引自 Katz，《數學史通論》（第 2 版），頁 194。

用手冊，而不是理論書籍。不過，顯然智慧宮所引進的希臘數學已充分地對他有所啟發，因此，在這樣一本手冊裡，「他也感到不得不對他的代數進程給出幾何的證明」。然而，「這種證明並非希臘式的。事實上，它們看起來非常類似巴比倫人的幾何推斷，而正是這種推斷產生了代數的算法。像其他的東方先行者一樣，阿爾·花拉子密也給出大量的例子和問題，但希臘的影響通過他對想要解決的問題進行系統性分類顯現出來，也在對他的方法的非常詳盡的解釋中顯現出來。」

二次方程的解法之希臘幾何論證風格，可以從伊本·庫拉的工作清晰地顯現出來。那不過是阿爾·花拉子密之後五十年間的故事。顯然，伊本·庫拉已經熟悉歐幾里得《幾何原本》了。

②.③ 伊本·庫拉：伊斯蘭 vs. 希臘數學文化的交流

塔比·伊本·庫拉出生於今土耳其東南的哈蘭 (Harran)，家族是拜星教派 (Sabian sect) 成員，一方面，他們與希臘文化淵源頗深，在母語敘利亞語、阿拉伯語之外，希臘語也相當流利。另一方面，由於拜星，所以成員都非常重視天文學的訓練，也因此這個教派培養許多數學家與天文學家。不過伊本·庫拉既非基督徒，也不是穆斯林，他是伊斯蘭統治下精通三種語言的異教徒。數學史家波伊爾 (Carl Boyer) 就曾評論說：伊本·庫拉是阿拉伯文明在第九世紀下半葉所培育的傑出數學家，至於上半葉的代表人物，當然非阿爾·花拉子密莫屬。⓯

伊本·庫拉家族可能是以經營貨幣兌換 (money exchange) 維生，

⓮ 引述同上。有關阿爾·花拉子密的幾何演示可能溯源到古巴比倫，也可參考本書第
2.3 節。

⓯ Boyer, *A History of Mathematics*, p. 258.

家道應該頗為殷實。伊本・穆薩 (Muhammad ibn Musa ibn Shakir) 訪問
哈蘭時，發現伊本・庫拉的語言潛力，就邀請他到巴格達遊學。於是，
伊本・庫拉就成為伊本・穆薩三兄弟 (the Banu Musa) 的學生。這三兄
弟是西元第九世紀阿拉伯數學家最早學習希臘數學的學者，提出
$\pi R = C$（R 為圓的直徑，C 為圓周長）公式就是他們的貢獻之一。[16]同
時，伊本・庫拉也接受醫學訓練，不過，那是當時的慣例。學成後，
伊本・庫拉回到哈蘭，可惜，他那「自由主義」的思想卻不能見容於
保守的宗教法庭，於是，他被迫逃離故鄉，再度前往巴格達。現在，
他被任命為宮廷天文學家，哈里發穆阿台迪德 (al-Mu'tadid) 成為他的
贊助者。根據十二世紀一位傳記作家的描述，伊本・庫拉倍受寵信，
在宮中面見哈里發時，甚至可以自行決定站立或坐著，此外，他與伊
本・穆薩兄弟始終保持良好關係。

　　當時還有許多其他的贊助者，雇用有才幹的科學家將希臘典籍翻
譯成為阿拉伯文。以伊本・庫拉為例，他就從希臘文或敘利亞文翻譯
《幾何原本》、阿基米德的許多典籍、阿波羅尼斯的《錐線論》前四
卷，同時，還針對阿基米德的力學，以及面積與體積等計算問題，撰
寫許多論著。此外，他還評論托勒密的《天文學大成》，並且深入研究
歐幾里得的《幾何原本》，甚至還企圖證明第 5 設準。我們可以說，到
他為止的第十世紀，古希臘的數學經典除了丟番圖的 **《數論》**
(***Arithmetica***) 之外，[17]其餘都已經有了阿拉伯文的譯本了。

　　伊本・庫拉最為現代數學家注意的貢獻，就是他有關友愛數（或

---

[16] 三 兄 弟 的 傳 記 可 以 參 考 https://mathshistory.st-andrews.ac.uk/Biographies/
Banu_Musa/。

[17] 丟番圖的《數論》是由阿布・瓦法 (Abu'l-Wafa, 940–997) 翻譯。

親和數，amicable number）的研究。這個主題的研究，正如伊本・庫拉所指出，歐幾里得並未投入心血，因此，他在給出九個引理之後，證明了下列定理：

對 $n > 1$ 來說，令 $p_n = 3 \cdot 2^n - 1$，$q_n = 9 \cdot 2^{2n} - 1$。若 p_{n-1}，p_n 和 q_n 為質數，則 $a = 2^n p_{n-1} p_n$ 且 $b = 2^n q_n$ 為友愛數。[18]

此外，伊本・庫拉也被數學史家認為可能是史上最早給出 17296 與 18416 這一對友愛數的數學家。[19]

　　至於阿拉伯數學家為何如此熱衷友愛數的研究？在上述定理中，若取 $n = 2$，則 $p_1 = 5$，$p_2 = 11$，$q_2 = 71$ 都是質數，從而可得到 220 與 284 這一對友愛數。這是很早被發現的一對友愛數。在數學普及敘事中，有一個阿拉伯的故事與這個插曲有關。傳說有一位國王在新婚之夜時，準備兩顆糖果，讓他的新娘子與他各自吞下一顆，其中有一顆刻著 220，另外一顆則是刻上 284。由於

284 = 1 + 2 + 4 + 5 + 10 + 11 + 20 + 22 + 44 + 55 + 110

220 = 1 + 2 + 4 + 71 + 142

亦即：220 的真因數相加等於 284，反之亦然。國王顯然期待夫妻因為友愛數的加持，而「你泥中有我，我泥中有你」！無論真假如何，這個故事編撰得頗有認知的啟發性，值得我們轉述流傳下去。[20]

　　本節最後，我們試以伊本・庫拉的《試以幾何證明驗證代數問題》

求解二次方程式 $x^2 + bx = c$ 為例，來說明他的幾何演示如何依賴《幾何原本》的命題。當然，這或許也足以見證他有別於阿爾・花拉子密，如何受惠於他投入翻譯與研究的希臘數學。

參考圖 2.3，給定正方形 $ABCD$ 之邊長為 x 單位。延長 AB 至 E，使得 $BE = b$。如此一來，$x^2 + bx = c = DE$（長方形）。茲取 W 為 BE 線段中點，則根據《幾何原本》命題 II.6，$EA \times AB + BW^2 = AW^2$，其中 $EA \times AB = c$，$BW^2 = (\frac{b}{2})^2$，故 $AW = \sqrt{(\frac{b}{2})^2 + c}$，於是，$x \doteq AB = AW - BW = \sqrt{(\frac{b}{2})^2 + c} - \frac{b}{2}$。請注意在這個演示過程中，伊本・庫拉並未「補足任何一個正方形」！

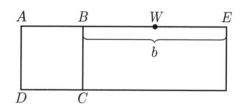

圖 2.3：伊本・庫拉有關二次方程的幾何圖示

至於所應用的《幾何原本》命題 II.6，其內容可引述如下：

如果二等分一條線段，並在同一線段上再加上另一條線段，那麼，合成的線段與所加的線段構成的長方形，與原線段的兩個分點間的線段上的正方形的和，等於原線段一半上的正方形。

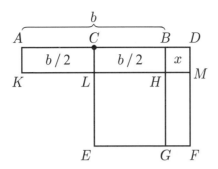

圖 2.4：《幾何原本》命題 II.6

若參考圖 2.4，這個命題的對應符號式是：$(b+x)x+(\frac{b}{2})^2=(\frac{b}{2}+x)^2$。

 ## 2.4　**阿爾・伯魯尼：伊斯蘭 vs. 印度數學文化的交流**

　　我們在第 1.8 節中，曾提及伊斯蘭數學家阿爾・伯魯尼針對印度
數學的評論，那是數學史家普洛夫可在論述印度與伊斯蘭的數學交流
時的一個切入點。現在，我們就多說一點有關他的故事。他之所以引
起我們的注意，主要是史家史特朵以他、伊本・庫拉，以及奧馬・海
亞姆為例，探討伊斯蘭數學家的贊助類型。

圖 2.5：阿爾・伯魯尼紀念郵票，2020 年烏茲別克發行

阿爾・伯魯尼是在伊本・庫拉去世七十年之後，出生於鹹海南邊花拉子模的卡斯 (Kath, Khwarazm)（在今日烏茲別克境內，目前該城為了紀念他，已經改名為阿爾・伯魯尼）。他從小受教於數學家及天文學家阿布・納西・曼蘇爾 (Abu Nasr Mansur)，十七歲 (990) 就嶄露頭角，利用太陽最大高度的觀測，而精確地計算卡斯的緯度。

　　沒想到西元 995 年的一場政變，徹底改變他的一生。他的家鄉花拉子模地區的統治者貝奴・伊拉克 (Banu Iraq)——阿爾・伯魯尼的老師就是這個家族的王子——被推翻，他被迫開始顛沛流離，四處為家。在西元 1004 年，他終於返鄉並獲得馬蒙家族兩兄弟 (Ali ibn Ma'mun, Abu'l Abbas Ma'mun) 的贊助，進行日月蝕觀測，老師阿布・納西・曼蘇爾也前來與他合作研究。這兩兄弟都娶加茲尼 (Ghazna) 的統治者馬哈茂德 (Mahmud) 的女兒為妻，但在西元 1017 年，都被馬哈茂德所消滅。阿爾・伯魯尼與他的老師也淪落為階下囚。

　　儘管如此，阿爾・伯魯尼與馬哈茂德的關係還真是耐人尋味。顯然，阿爾・伯魯尼的身分是俘虜，因此，無法自由行動，不過，馬哈茂德於西元 1022 年攻入印度時，倒是帶著他隨行，至於其任務可能是天文觀測。阿爾・伯魯尼因而有機會在旁普遮地區與印度學者接觸，從而在《**印度答問書**》(***Book of Inquiry concerning India***) 中，紀錄他對十一世紀初北印度宗教、文學、地理與風土習俗的第一手觀察，以及許多有關梵文數學、天文學與占星術方面的資訊。

　　阿爾・伯魯尼在加茲尼又經歷了馬哈茂德下傳兩代的統治，但好像都繼續得到贊助，直到西元 1050 年於當地去世。總之，他一生至少「服侍」了六位王子。在數學或科學尚未建制化之前，這種「專家」的顛沛流離生涯看起來司空見慣，儘管令人心酸。

　　不過，這種令人心酸的遭遇似乎沒有影響他的著述。根據史家研

究，他一生至少撰寫 146 本著作，總計有 13000 頁之多。光就數學而言，他的論述就包含有如下主題：理論與實用算術（前者指數論）、冪級數求和、組合學、三率法、不可公度量（無理數）、比例論（與《幾何原本》第 V 冊有關）、求解代數方程式、幾何學、阿基米德定理、三等分角及其他無法尺規作圖的問題、圓錐曲線、立體測量術、球極平面射影（stereograherical projection，與地圖製作有關）、三角學、平面正弦定理，以及求解球面三角。❷

此外，根據他的自白，他也答應要將歐幾里得《幾何原本》、托勒密《天文學大成》，以及他自己有關星盤之文本翻譯成梵文，為印度人引進古希臘數學與天文學的精華。因為基於他所代表的「**希臘化伊斯蘭歐幾里得傳統**」(Greco-Islamic Euclidean tradition)，印度數學顯然缺乏邏輯論證與結構，而且其研究結果常「魚目混珠」，摻雜宗教信念或訴諸權威。此外，他發現印度人想成為天文學家，除了精通天文知識之外，也必須知曉占星術。阿爾·伯魯尼所有這些評論都難免自大，尤其是他被認為並未完全掌握梵文，因此，研讀梵文數學時也不乏將文本與註解張冠李戴的案例。❷

參照阿爾·伯魯尼的翻譯案例，可知將伊斯蘭作品翻譯成梵文，並非伊斯蘭數學家的工作首選。事實上，根據伊斯蘭數學的梵文版本的第一本著作，是有關平面星盤的構造與使用之解說，梵文書銜意即「**工具之王**」(King of Instruments)，充分反映印度風格。那是 1370 年，由耆那教派天文學家馬亨德拉·蘇里 (Mahendra Suri) 在德里蘇丹時期所編寫。往後世紀也陸續有星盤著作問世，那裡面有些是由波斯

---

❷ 參考 https://mathshistory.st-andrews.ac.uk/Biographies/Al-Biruni/。
❷ 參考 Plofker, *Mathematics in India*, pp. 261–266。

文翻譯而來的。其中，就有一本十五世紀以波斯文著述的行星軌道幾何，在十七世紀被翻譯成梵文。從該書中，史家普洛夫可發現了十分清晰的歐幾里得風格 vs. 梵語數學散文 (Sanskrit mathematical prose) 的對比，前者當然由伊斯蘭數學家所承接而實踐。[23]

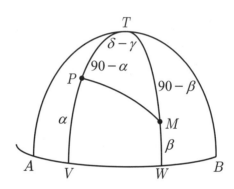

圖 2.6：奇伯拉問題圖示

　　本節最後簡要介紹阿爾・伯魯尼在三角學方面的貢獻。前文（第1.8 節）提及，在第八世紀後期，印度曆算書《悉壇多》被翻譯成阿拉伯文，因此，伊斯蘭數學家在熟悉這種「印度版本」的希帕科斯三角學之後，對於後來引進的托勒密的《天文學大成》很多內容，當然十分眼熟，因為從希帕科斯到托勒密的希臘天文學本來就是一系相傳，儘管最後伊斯蘭數學家採用印度的「正弦」而非托勒密的「弦」。

　　基於前人的研究成果，阿爾・伯魯尼在他的 《測影通論》(*Exhaustive Treatise on Shadows*) 中，證明了三角函數的基本關係。不過，這些函數的主要應用，還是在求解由天文學問題而引出來的球面

---

[23] 參考 Plofker, *Mathematics in India*, pp. 266–267。

三角，而其基本結果則是由阿爾・伯魯尼的同時代伊斯蘭數學家所獲得。這些數學家包括他的老師阿布・納西・曼蘇爾，以及證明球面三角版的正弦定律之阿布・瓦法。有了這個正弦定律，阿爾・伯魯尼便能證明如何確定「**奇伯拉**」(*qibla*)，亦即：一個人所處地方朝麥加的方向。參看圖 2.6，我們在此轉引阿爾・伯魯尼針對此一問題的一個描述：假定 *M* 是麥加的位置，*P* 是某人當前所在的地方。設弧 *AB* 表示赤道，*T* 為北極。經 *T* 點分別作通過 *P* 和 *M* 的經線。於是，「奇伯拉」便是在地球表面上的 ∠*TPM*。[24]這個重要的宗教問題，當然涉及天文學，從而必須由平面與球面三角學來解決。這不難想像為何三角學始終是「附庸於」天文學著作的一個章節（參考《數之軌跡 III：數學與近代科學》第 1.4 節）。

　　直到十三世紀，伊斯蘭世界才有完全獨立於天文學、系統化且內容廣泛的平面與球面三角學著作，那就是納西爾丁 (Nasir al-Din al-Tusi, 1201–1274) 的《論橫截圖形》（或稱《論完全四邊形》）(*Treatise on the Qudrilateral*)。附帶一提，納西爾丁的其他手稿也出現二項式定理展開式，以及巴斯卡三角形。[25]

24 引 Katz，《數學史通論》（第 2 版），頁 219–220。阿爾・伯魯尼的解法也請參考。

25 參考 https://mathshistory.st-andrews.ac.uk/Biographies/Al-Tusi_Nasir/。

奧馬・海亞姆[26]

　　在代數研究上，完全繼承阿爾・花拉子密的阿拉伯數學家，當推兩世紀之後的奧馬・海亞姆。他的《論代數學問題之演示》(*Risālafi'l-barāhīn 'alā masā il al-jabr wa'l-muqābala*) 書名中的 *al-jabr wa'l-muqābala* 正如阿爾・花拉子密一樣，[27]就是指「還原」與「對消」（的代數運算），儘管他主要企圖求解三次方程式。

　　奧馬・海亞姆亦稱奧馬・海亞米 (Umar Al-Khāyammī)，出生於波斯霍拉桑的內沙布爾（Nishapur，今伊朗境內庫拉善地區 Khurasan），當時塞爾柱突厥人已經征服了這片土地。根據此一姓氏，他的先人應該是帳棚製造者。他的名字另有中文譯名為「奧瑪・茄音」或「奧馬・開儼」，不一而足。今天，他在西方世界多半被視為古波斯詩人，這是因為他的四行詩集──《魯拜集》(*The Rubaiyat of Omar Khayyam*) 至今仍在流傳，在英美文學界似乎更廣為傳頌。[28]茲引述其第 57 首如下，讓我們數學史家也借機「附庸風雅」：

　　啊，我的修曆，人們不是那麼稱道，

　　使歲月的計算方便了不少？

　　　　不，除非從曆書上勾掉已死的

　　昨日，未生的明朝，才算高妙。[29]

---

[26] 本小節主要參考黃清揚、洪萬生，〈為阿拉真主研究數學：以奧馬・海亞姆為例〉。

[27] 書名英譯為 *Treatise on Demonstration of Problems of Algebra*。

[28] 本詩集為英國詩人費茲傑羅 (Edward FitzGerald, 1809–1883) 所編譯的英文版，其中內容是否都是奧馬・海亞姆原創，已無從得知。

[29] 這個版本引自陳次雲翻譯導讀的《魯拜集》，該版作者名字則中譯成奧馬・開儼。

圖 2.7：奧馬・海亞姆畫像

奧馬・海亞姆的姓氏 Al-Khāyammī 也有人認為是指 「天幕製造者」，此一認定似乎可以呼應他一生最重要的研究工作——天文學。西元 1070 年，他先是在法學家阿布・塔赫爾 (Abu Tahir) 的贊助下，在撒馬爾罕 (Samarkand) 出版他的《論代數問題之演示》。然後，再應塞爾柱 (Seljuqs) 蘇丹馬利刻沙 (Malk-Shah) 及其高官阿爾・穆爾克 (Nizam al-Mulk) 之邀，前往伊斯法罕 (Isfahan) 擔任天文臺臺長之職，並於 1079 年主導曆法改革，他測得一年有 365.24219858156 天。這是非常準確的數據，今天的標準是一年有 365.242190 天。此外，他跟伊本・庫拉一樣，也寫下歐幾里得《幾何原本》的註解。

奧馬・海亞姆曾在他的《論代數問題之演示》序言中，抱怨他的著述過程如何艱辛而寸步難行，不過，隨後還是感謝統治者給予他無盡的支持：

長久以來，我被令人心酸的障礙所阻擋，我找不出時間來完成這本著作，或者根本不能把思緒集中在它上面……在我絕

望之際，蒙真主寵恩，使我遇見了我們舉世無雙的君主、至高無上的法官阿布‧塔赫爾依瑪目閣下⋯⋯一個集科學中無上的權力和行動的堅定性於一身的人，並賜予我他的親密友誼⋯⋯我的心因見到他而極度欣喜⋯⋯他的開明和寵愛使我的力量得到增強。為了能夠更接近他的崇高地位，我覺得我自己有義務重新檢起我的工作，以總結我已證實了的哲學理論中的精髓，這些工作曾因紛亂多變的時局而被我放棄過。❸

　　不幸，在西元 1092 年，天文臺因阿爾‧穆爾克被謀殺而關閉，緊接著又出現更大的災厄，那就是蘇丹馬利刻沙去世，於是，奧馬‧海亞姆只好離開撒馬爾罕，前往莫夫 (Merv)，最後回到家鄉內沙布爾終老，於 1131 年與世長辭。

　　奧馬‧海亞姆是當時非常著名的數學家、科學家和哲學家，史家波伊爾認為他的去世標誌著伊斯蘭數學／科學的沒落。在他的數學成就中，我們僅介紹其中兩項：代數與平行公設。

　　他研究代數的目的之一，便是想要找出三次方程式的解法。為此，他首先仿照阿爾‧花拉子密的分類方式，將三次以內的方程式分類為如下十四種（以現代符號表示，其中係數都為正）：

二項方程式：$x^3 = d$

三項方程式：$x^3 + cx = d,\quad x^3 = cx + d,\quad x^3 + bx^2 = d,\quad x^3$
$\qquad\qquad + d = bx^2,\ x^3 + d = bx^2 + cx$

---

❸ 根據 Katz，《數學史通論》（第 2 版），頁 205，引文略加改寫。

四項方程式：$x^3 + bx^2 + cx = d$, $x^3 + bx^2 + d = cx$,

　　　　　　　$x^3 + cx + d = bx^2$,

　　　　　　　$x^3 = bx^2 + cx + d$, $x^3 + bx^2 = cx + d$,

　　　　　　　$x^3 + cx = bx^2 + d$, $x^3 + d = bx^2 + cx$

　　至於在求解時，他則是透過拋物線與雙曲線的交點，以突破尺規作圖的限制，而找到了三次方程式解的對應點。譬如，他確曾求解 $x^3 + x = 20$ （以現代符號表示）。以 $y = x^2$ 代換，給定方程式變成 $y = \dfrac{20 - x}{x}$。現在，畫出 $y = x^2$（拋物線）及 $y = \dfrac{20 - x}{x}$（雙曲線）的圖形，其交點的 x（－坐標）即為所求。儘管還無法找到三次方程解法（那是十六世紀卡丹諾等人的貢獻），奧馬·海亞姆求方程式的數值解，以取代古希臘的幾何線段，還是在解析幾何的方向邁出了一大步。代數（方法）從而開始有了獨立的意義。正如奧馬·海亞姆所強調：「認為代數只是求得未知數的一種炫技的任何人士，都是將它想成徒勞無益的玩意兒。代數與幾何只是表面上不同，這個事實並沒有得到應有的注意。代數乃是被證明的幾何事實。」[31]

　　至於奧馬·海亞姆有關平行公設或第 5 設準之研究，由於這觸及伊斯蘭數學家繼承與發揚古希臘數學遺產的議題，我們有必要在此略事說明。

　　《幾何原本》翻譯成阿拉伯文之後，伊斯蘭數學家對於其中兩大主題深感興趣，其一是涉及幾何設準 (postulate) 的基本問題：第 5 設準（或平行公設）是否為獨立命題？或者它可以由前四個設準導出？

---

[31] 轉引自 Boyer, *A History of Mathematics*, p. 265。

（參考《數之軌跡 IV：再度邁向顛峰的數學》第 3.4 節）另一個則是不可公度量比（《幾何原本》第 X 冊主題）。從今日的後見之明來看，前一問題從西元前第四世紀《幾何原本》成書之後，就開始吸引數學家或學者的注意，不過，到了十九世紀，非歐幾何學的問世為它畫下了休止符。至於後者，則由於實數系的最終完備，而使得研究《幾何原本》第 X 冊（共有 115 命題，全書各冊最多）的所有努力，全都化為烏有。這是「歷史辯證」的十足弔詭，凡努力不一定留下足跡，真是令人浩嘆！

現在，讓我們引述奧馬・海亞姆有關第 5 設準的研究。先是阿爾・海塞姆澄清了下列命題：「第 5 設準」等價於「任意四邊形之內角和等於四個直角和」。奧馬・海亞姆在他的《關於歐幾里得書中有疑問的公設的評註》中，提出一個公設：兩條收斂的直線相交，而且在收斂的方向上不可能發散。所謂「收斂」直線，是指相互趨近的直線。然後，他構造一個四邊形，其作法如下：參考圖 2.8，在給定線段 AB 上，分別在其端點作兩條等長垂線 AC 和 BD，於是，連結 C 和 D，則 $ABDC$ 就是所求四邊形——這個四邊形後來為了紀念十八世紀的義大利神父薩開里 (G. Saccheri)，而被現代數學史家稱之為「**薩開里四邊形**」(Saccheri quadrilateral)。現在，他打算證明 C 和 D 角都是直角，而都是銳角或鈍角的情況則會導出矛盾。角 C 與角 D 相等，這是極易證明的事實。如果它們都是銳角，則 CD 就會較 AB 為長；但要是它們都是鈍角，則 CD 就會較 AB 為短。針對前一情況，他指出直線 AC 和 BD 會同時收斂，至於後者，則這兩直線會同時發散。換言之，直線 AC 和 BD 都會在 AB 的兩邊同時收斂或發散，這與他的原始公設相互矛盾。因此，他證明角 C 與角 D 都只有可能是直角。不過，這個事實與基於他的原始公設，而後者則與第 5 設準等價。

到了十三世紀，納西爾丁在他的《抹去平行線方面疑點的討論》(1250) 中，也運用上述四邊形，試圖從銳角與鈍角的假設中導出矛盾。在另一篇論文——他兒子根據他的想法於 1298 年所完成的——中，如圖 2.9，納西爾丁假定說：如有一直線 *GH* 在 *H* 垂直 *CD*，並在 *G* 斜交於 *AB*，則從 *AB* 向 *CD* 引的垂線如在 *GH* 與 *AB* 交出鈍角的那一側，則大於 *GH*，而如果在另一側，則小於 *GH*。這個假設所以重要，是因為它在 1594 年在羅馬發表後，逐漸獲得數學家的注意，並且最終啟發了薩開里的非歐幾何學研究。❸

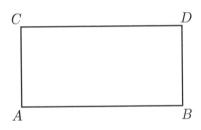

圖 2.8：「薩開里」四邊形

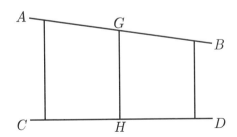

圖 2.9：納西爾丁有關平行性之證明附圖

---

❸ 參考 Katz，《數學史通論》（第 2 版），頁 214。

奧馬・海亞姆的生涯還有一段軼事，值得我們在此轉述。他在內
沙布爾求學時，有兩位特別要好的朋友：阿巴度・卡珊 (Abdul
Khassem) 和哈山・薩巴 (Hassan Sabbah)。他們三人形影不離，一起上
課，一起玩樂。在一場聚會時，有人提出一個協定：「讓我們為友情起
誓。我們三人永遠像現在一樣，平等而相像。如果有一天我們其中一
人發跡了，他會幫助其他兩人」。三人都立下誓言。結果第一個發跡的
是阿巴度・卡珊，他以尼札姆之名成為阿爾斯蘭蘇丹的大臣，不過，
他並未忘記他的誓言，提供（推薦）一個宮廷職位給奧馬・海亞姆，
但後者婉謝了，只希望獲得生活津貼，並建造一座觀測臺以從事天文
研究。至於哈山・薩巴則進入宮廷，得到蘇丹的寵愛，後來卻轉而陷
害尼札姆，妄想取代他的權位，遂被逐出宮廷。

　　以上這一段友誼插曲，出現在居耶德 (Denis Guedj) 的數學小說
《鸚鵡定理》（*Le Théorème du Perroquet*）之中，在數學史家卡茲的
《數學史通論》也有引述，頗受史家注意，因為它也涉及數學史家史
特朵所論及的贊助類型。我們將在本章第 2.7 節中綜合論述。

 ## 2.6　阿爾・卡西：印度－阿拉伯位值系統的完成[33]

　　有關阿爾・卡西 (Jamshīd al-Kāshī, 1380–1429)，我們所知的最早
紀錄是：西元 1406 年，他開始在家鄉卡撒（Kashan，在今伊朗德黑蘭
南方 200 公里）進行一系列的月蝕觀測活動。在此之前的生涯，吾人
則一無所知。

　　阿爾・卡西完成了許多關於天文學的著作，其中較為人所知的，

▩ 本小節內容改寫自陳彥宏，〈計算天才──阿爾・卡西 (Jamshid al-Kashi)〉。

是他在 1414 年獻給貼木耳帝國可汗烏魯伯格 (Khaqan Ulugh Beg) 的作品 *Khaqani Zij*（手冊），這是 150 年前納西爾丁的著作 **《伊兒汗天文表》** **(Ilkhani Zij/Ilkanic Astronomical Table)** 之修訂版本，以及在 1416 年有關赤道儀的論著。

　　阿爾・卡西早期生活並不富裕，到處流浪兼職來謀生，直到西元 1418 年，他才在撒馬爾罕（Samarkand，在今烏茲別克境內）的一所學校內謀得職位。這所學校正是由他一生中最大的贊助者烏魯伯格可汗所創辦。也就是在此時，阿爾・卡西開始對數學有著重大貢獻，1424 年，他逼近圓周率 π 的近似值精確至小數點以下第十六位，在人類研究圓周率的歷史上留下輝煌的一頁！

　　另外，西元 1427 年他撰寫了關於算術、代數及測量的作品──《算數者之鑰》(*The Calculators' Key*)，該書對於十進位記數系統、數的開高次方根、及求解代數問題皆有詳細論述。此外，阿爾・卡西還利用求解三次方程式得到正弦函數 sin1° 的近似值。就目前所知，這也是他在 1429 年過世前的最後作品。

　　以下，我們簡要介紹這位計算奇才用以逼近圓周率 π 的方法。西元 1424 年，阿爾・卡西在他所著的 **《圓周論》** **(A Treatise on the Circumference)** 中，利用幾何方法計算圓周率 π 的近似值，至於其進路則仿阿基米德，以圓內接多邊形的周長來逼近圓周長。[34]

　　他從圓內接正六邊形開始著手。[35]設圓 *O* 為一單位圓，[36]則六邊形

---

[34] 參考陳彥宏，〈計算天才──阿爾・卡西 (Jamshid al-Kashi)〉。

[35] 這個窮盡法一開始採用圓內接正六邊形的進路與歐幾里得、阿基米德不同，後者都使用圓內接正方形。不過，阿爾・卡西選擇圓內接正六邊形倒是與中國劉徽相同。還有，他們兩人有關 $\pi = 3$ 的意義之說明也類似，也參考註 33。

[36] 實際上，阿爾・卡西所建構的圓半徑是 60 單位長，而非這裡所說的單位圓。

的邊長 a_1 為 1 單位，因此可得圓周率的粗略近似值 $\pi \approx \dfrac{6}{2} = 3$，[87]接著，將內接正多邊形邊數增加一倍得到正十二邊形。現在，究竟要如何求出其邊長 a_2 呢？阿爾・卡西將正六邊形、正十二邊形同時內接於單位圓中，並僅考慮上半圓（參考圖 2.10）。現在，如圖 2.11，分別過圓心 O 與 D 點作 $\overline{OJ} \perp \overline{AG}$，$\overline{DZ} \perp \overline{AB}$，則 $\triangle DAZ \sim \triangle BAD$，因而 $\dfrac{\overline{AB}}{c_2} = \dfrac{c_2}{\overline{AZ}}$，即(1) $c_2{}^2 = \overline{AB} \cdot \overline{AZ} = 2(1 + \overline{OZ})$。由於 $\angle BAG = \dfrac{1}{2}\angle BOG = \angle BOG$，可得 $\triangle AOJ \cong \triangle DOZ$，所以 $\overline{OZ} = \overline{AJ} = \dfrac{1}{2}c_1$，將此結果代入(1)式，我們可以得到底下的關鍵公式：(2) $c_2{}^2 = 2 + c_1$。

　　然後，利用畢氏定理，可知 $c_1 = \sqrt{2^2 - a_1{}^2} = \sqrt{4-1} = \sqrt{3} = 1.73205\cdots$，實際上，阿爾・卡西已經能夠輕易地計算出一個數的平方根。[88]他將 c_1 的值代入公式(2)，並再次使用畢氏定理，得 $a_2 = \sqrt{2^2 - c_2{}^2} = \sqrt{4 - c_2{}^2} = 0.51763\cdots$，而計算出較正六邊形「逼近」為佳的近似值 $\pi \approx \dfrac{12a_2}{2} = 3.10582\cdots$。

[87] 此一進路類似中國第三世紀劉徽有關《九章算術》「圓田術」之註解「周三徑一」。參考第 4.6 節。

[88] 在阿爾・卡西的另一著作《算數者之鑰》中，對於數的開方法有詳細地介紹，他甚至能夠直接計算出一個數的五次方根。

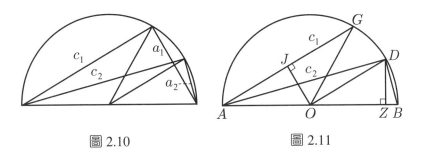

圖 2.10　　　　　　　圖 2.11

走到這一步，我們不難發現公式(2)不只侷限於正六邊形與正十二邊形。如果我們繼續將圓內接正多邊形的邊數，依序加倍得到正二十四、正四十八邊形、……，並反覆使用式(2)與畢氏定理，則 $c_3^2 = 2 + c_2$、$c_4^2 = 2 + c_3$、$\cdots$，且 $a_3 = \sqrt{4 - c_3^2}$、$a_4 = \sqrt{4 - c_4^2}$、$\cdots$，或更一般地，

(3) $c_n^2 = 2 + c_{n-1}$，$a_n = \sqrt{4 - c_n^2}$。

當吾人進行到圓內接正九十六邊形時，阿爾・卡西已將圓周率 π 的近似值精確至小數點以下第三位 (3.141 …)。不過，他並不因此而滿足，繼續向前邁進，直到逼近圓周率 π 的近似值精確至小數點以下第十六位為止 ($\pi = 3.1415926535897932$)。[39]當時，他形容其精確度為：

　　若用它來計算宇宙的周長，那麼所得到的結果，其誤差將會
　　小於一根馬鬃之寬！

然則阿爾・卡西又如何知道所求得的圓周率近似值，的確精密到小數點以下第十六位？首先，他知道圓內接正多邊形周長較圓周長為

---

[39] 陳彥宏，〈計算天才——阿爾・卡西 (Jamshid al-Kashi)〉。

小，因而，圓內接多邊形的逼近，總是「低估」π 值。於是，他另外設計了以圓外切正多邊形的逼近方法，來「高估」π 值。如此，將圓內接、外切正多邊形的邊數，同時不斷地加倍之後，[40]若「低估值」與「高估值」在小數點以下某一位（第 n 位）之前都相同，阿爾·卡西便能確知他的近似值亦準確至第 n 位，最後，他以正 805,306,368 邊形得到上述結果 $\pi = 3.1415926535897932$！

當第九世紀的阿爾·花拉子密在使用印度數碼時，他並未引進十進位小數之計算。因此，當阿爾·卡西「用一條豎線來隔開一個數的整數部分和它的小數部分。那麼，這時我們可以說印度阿拉伯的位值系統已經完成了。」這是如同史家卡茲所指出：阿爾·卡西「同時完全掌握了小數的思想和對它們的便捷的記號」。[41]

2.7 贊助與宗教信仰

在第 2.3–2.4 節中，我們提及伊斯蘭與其他數學文明之間的交流，不過，在此過程之中，我們還未說明伊斯蘭數學家的研究旨趣之所在。現在，我們引述數學史家卡茲以阿爾·伯魯尼為例，說明數學交流所引發的議題。這位伊斯蘭數學家對於印度數學發展，也提出類似的觀察，我們已經在前文第 1.8 節中引述數學史家普洛夫可的說明。

阿爾·伯魯尼在他的《求圓的弦長》(1030) 的序言中指出：

---

[40] 這是典型的阿基米德進路，參考他的《圓之度量》（或明末中譯本《圜書》）。

[41] Katz，《數學史通論》（第 2 版），頁 193。

你們清楚知道……我為什麼開始尋求證明尤古希臘人提出的
許多論斷的理由……還有我對於這個學科所感到的激情……
你們為此責備我專注於這些幾何方面的章節，而不了解這些
課題的真正要害，恰恰是因為在每個地方它們都逾越了其應
有的範圍……無論他〔幾何學家〕採取什麼方式，通過塵世
的活動直到汲取神的教諭，都不能達到目標。這是因為難以
理解它們的含意……也是因為並非每個人都能對它們的概念
有所了解，特別對那些把證明技巧拒之門外的人，更是如
此。❷

這個「夫子自道」帶著些許無奈，不過，正如史家卡茲所評論：伊斯
蘭數學家將他們的數學研究「浸滿了他們所信奉的神之靈感」，這是因
為儘管「在過去年代中，那些有創造性的數學家，總是使自己的研究，
大大地超越當前的需要」，然而，

在伊斯蘭中許多人感到這只是真主的要求。至少是在其初期，
伊斯蘭文化並不把「世俗知識」視為與「神賜文化」相衝突，
而是當作通向後者的一條道路。

學術研究因而得到鼓勵，宮廷或貴族的贊助，也因而有了「正當性」。
「那些被證明具創造火花的人們常常得到統治者（通常是世俗和宗教
雙方）的支持，從而他們能夠盡可能地追循他們自己的想法」。至於
「數學家的回報，則是在他們著作開端或結尾總要祈求神的保佑，甚

---

❷ 引同上，頁 189，但文字略有修飾。

至整個正文中有時也提到神的幫助」。當然，如果統治者有實用方面的問題，數學家也必須設法滿足其需求。❹

　　現在，就讓我們引述數學史家史特朵以伊本・庫拉、阿爾・伯魯尼，以及奧馬・海亞姆為例，說明伊斯蘭數學的贊助模式 (patterns of patronage)。就伊本・庫拉的案例來說，史特朵注意到贊助的兩個風貌，其一，是朋友與家族的連結關係，其二，則是贊助者也扮演保護者的角色，當伊本・庫拉得罪故鄉宗教法庭時，哈里發適時地提供了保護傘。

　　另一方面，史特朵也指出像伊本・庫拉與阿爾・伯魯尼都是年輕時被王公貴冑發現數學才能，而予以贊助。不過，他們所以能獲得贊助者的青睞，完全是機遇絕佳，而他們最終在數學與天文學上能有所貢獻，也必須承擔這些贊助者的政治前途之風險（譬如被推翻或被暗殺），阿爾・伯魯尼甚至成為戰俘而被迫「服侍」敵對朝廷。儘管如此，他們通常在學術研究上都非常多產與多樣。除了天文學與占星術之外，他們的著述也包括球面幾何學與三角學、註解歐幾里得《幾何原本》及其他希臘學者之作品，又或者是有關算術與代數，以及地理學、歷史學、音樂、哲學、宗教，或文學等領域。最後，王公貴冑需要這些聰慧的智者「長相左右」，因為這除了為贊助者提供另外一種知性愉悅的來源，當然也標誌了贊助宮廷的威望。❹

---

❹ 引同上，頁 190。
❹ 參考 Stedall, *The History of Mathematics: A Very Short Introduction*, pp. 77–78。

2.8　獨特的「遺產問題」篇章

　　在所有的古文明數學史中，只有阿拉伯人留下精彩的遺產問題，而成為人類文化遺產的獨特篇章。譬如，數學史家伯格瑞恩 (J. L. Berggren) 的 **《中世紀伊斯蘭數學的幾段插曲》** (*Episodes in the Mathematics of Medieval Islam*)，就納入遺產問題專章 (The Islamic Dimension: Problem of Inheritance)，對於我們理解跨文化的遺產問題，大有助益。

　　根據蘇意雯的說明，[45]伊斯蘭《可蘭經》（或《古蘭經》）的博愛精神——遺產贈與陌生人，是人類文明中極珍貴的資產。事實上，它的第四章〈尼薩〉（即婦女章）就規定遺產分配的主要原則如下：

- 無論男女，皆可分得父母和近親遺下的部分，無論多少，這是規定。
- 分配遺產時，如有遠親、孤兒或貧窮的人在場，要贈給他們一部分，並對他們說好話。
- （遺贈相關規定）遺贈值不得超過總資產值的三分之一。如果超過了，則必須徵得繼承人的同意，如果僅有部分繼承人同意，則超出的部分由同意的人平均分配。
- （借貸相關規定）兒子向父親借貸，則直接從繼承的遺產值扣繳貸款即可。若貸款總額超出繼承遺產值，則直接以遺產抵銷貸款，不足的部分也無須再補差額。[46]

---

[45]　參考蘇意雯，〈《可蘭經》裡的遺產〉。
[46]　轉引蘇意雯，〈《可蘭經》裡的遺產〉，頁 90。

等等。此外，他們還規定遺產贈與陌生人時，以不超過全部遺產的三分之一為原則。「一旦超過，則必須經過繼承人的同意，那麼，那些同意者便必須平均分攤超出三分之一的部分。」[47]

阿爾·花拉子密的《還原與對消的規則》就引述了多則遺產分配問題，讓我們可以十分具體地了解遺產問題的（宗教）文化意義。請見如下三則：

- 一位婦女過世，留下她的丈夫，一個兒子和三個女兒，本目標是要用分數表示每一位繼承人各能分得的資產。
- 一位婦女過世，留下丈夫、兒子和三個女兒，但她也遺贈給一位陌生人總資產的 $(\frac{1}{8}) + (\frac{1}{7})$，計算每一位繼承人各能分得的資產部分。
- 有一人過世，身後留下二子，並且要把資本的三分之一遺贈給一位陌生人。而他共留下 10 個金幣以及對於其中一子 10 個金幣的要求（即其中一子欠父親 10 個金幣）。

由於上述第三題涉及借貸，問題最為複雜，所以，阿爾·花拉子密使用他引進的「代數」來解題。現在，且讓我們引述他的解法（此處當然使用現代符號來進行適當翻譯）。由於《古蘭經》要求兒子分到的遺產與所償還的金額相同，他以 *shay* 或 *jizi*（「某物」）或 root（根）來代表此一數值，於是，遺產總額變成為 $10 + shay$。其中，依照經文規定，其 $\frac{1}{3}$ 贈與出去，亦即贈與出去 $\frac{10 + shay}{3}$　（$= [3 + \frac{1}{3}]$ 金幣

---

47 引蘇意雯，〈《可蘭經》裡的遺產〉。

$+\dfrac{shay}{3}$）。剩下的 $\dfrac{2(10+shay)}{3}$（$=[6+\dfrac{2}{3}]$ 金幣 $+\dfrac{2shay}{3}$）分給兩個

兒子，每人得到 5 個金幣。運用現代符號「驗算」如下：令 $x=shay$，

則上述方程式可以寫成 $\dfrac{2(10+x)}{3}=2x$，解得 $x=5$，答案正確。這也

就表示借貸總值在 5 金幣以內者，皆可分到遺產。但若借貸總值大於

或等於 5 金幣，則分不到遺產。

　　由上述簡要說明，我們對於《可蘭經》之遺產繼承規定可以略知

一二。事實上，「有關遺產分配的條文，在教法經上另有詳細解說。這

是伊斯蘭的一種專門學問。除了法學經文上粗言大概外，尚有特輯詳

解遺產繼承法。在如此的文化背景下，無怪乎遺產分配問題成為阿拉

伯數學的一個特色。」[48]

2.9　數學交流：伊斯蘭與中國

　　在介紹伊斯蘭與中國（特別是宋元時期）的數學交流之前，我們

還是需要在此補充相關的歷史脈絡，[49]尤其是蒙古人的「軍事活動」

所促進的數學與天文學之交流。先是西元 1055 年，土耳其人攻入巴格

達，建立塞爾柱王朝，哈里發僅保留教權。1237 年，成吉思汗率軍西

征俄羅斯等國，一路打到歐洲中部。十三世紀中葉，成吉思汗孫子旭

烈兀則率軍攻入阿拉伯地區，並於 1258 年攻陷巴格達，建立伊兒汗

國。十四、十五世紀，蒙古人又建立帖木兒帝國，定都撒馬爾罕。蒙

古人儘管軍事上所向披靡，但在宗教上卻皈依了伊斯蘭，而且，在統

---

[48] 引蘇意雯，〈《可蘭經》裡的遺產〉，頁 87。

[49] 參考郭書春主編，《中國科學技術史・數學卷》，頁 500–501。

治地區也通用阿拉伯文。

我們在第 2.1 節所提及的納西爾丁後來被旭烈兀網羅，成為隨軍打仗的軍師。旭烈兀登基七年 (1262) 在蔑剌合 (Maragheh) 建造一座宏偉的天文臺，任命納西爾丁為臺長。這座天文臺在建造時，曾得到來自中國的天文學家之協助。事實上，隨著蒙古軍隊的西征，有一些漢族曆算家、星占家以及僧人跟著來到中亞，於是，中國的宋元算學也就跟著傳播到這個地區。後來，甚至有一些漢族學者擔任伊兒汗國的官員。在這樣的連結下，無怪乎納西爾丁在編制 **《伊兒汗天文表》** (*Ilkanic Astronomical Table*) 時，就參考了中國紀年和計算方法。

這或許也可以解釋，何以十五世紀阿爾・卡西的算書可以看到那麼多宋元數學的蛛絲馬跡。阿爾・卡西所「侍奉」的帝王是烏魯伯可汗，他是旭烈兀的孫子，在撒馬爾罕建立天文臺，並聘請阿爾・卡西擔任臺長。他所主持編制的《烏魯伯星表》中有一編專門論述中國曆法，其中不乏數學內容。至於阿爾・卡西的《算數者之鑰》則有明確的證據，顯示他已經掌握從中國傳播過去的數學內容：盈不足術、開方法（含賈憲－霍納法），以及小數記法。至於前文提及的百雞問題，則出現在阿布・卡密勒 (Abu Kamil, 850–930) 的著作之中，如以現代符號表示，則有如下四個求正整數解的不定方程組（最後一題顯然是「千雞」問題）：

$$\{x + y + z = 100,\ 5x + \frac{y}{20} + z = 100\}$$

$$\{x + y + z = 100,\ \frac{x}{3} + \frac{y}{2} + 2z = 100\}$$

$$\{x + y + z = 100,\ 3x + \frac{y}{20} + \frac{z}{3} = 100\}$$

$$\{x + y + z + u + v = 1000,\ 2x + \frac{y}{2} + \frac{z}{3} + \frac{u}{4} + v = 1000\}$$

其中，仿中國《張丘建算經》「百雞術」模式設題的可能性極大，[50]而且很有可能在印度轉了一手，再傳了過來。這些問題看起來「娛樂」效果十足，因此，最後再傳到中世紀歐洲的斐波那契，當然也不足為奇了。[51]

另一方面，到蒙元宮廷擔任官職的伊斯蘭學者以愛薛 (1227–1308) 與札馬魯丁最為知名。前者通星曆和醫藥。後者則是伊斯蘭曆算家，曾擔任成吉思汗孫子蒙哥的數學家教，是蒙古各地統治者都希望網羅的人才，他有可能藉此機會引進歐幾里得《幾何原本》。這或許是此一古希臘數學經典傳入元代中國的「旁證」之一，不過，《幾何原本》是否曾在元代傳入中國？這個爭議看起來還不到有定論的時候。[52]

 2.10　伊斯蘭數學史學議題

經由本章的簡要敘述，我們發現伊斯蘭的數學發展，正如其他文明一樣，有其獨特的一面。由於穆斯林與基督教徒的長期衝突，西方學者所主導的數學史研究或許總是不夠深入或全面，因此，他們對伊斯蘭或阿拉伯數學，似乎無法給出應有的或恰當的肯定與評價。而這當然涉及傳統的伊斯蘭學問，如何面對與理解外來的知識，以及他們經由阿拉伯文在轉化 (transformation) 之後，如何做出實質貢獻，等等，西方科學史家因此有如下兩大主張的拉扯：

---

[50] 《張丘建算經》「百雞問題」如下：「今有雞翁一，直錢五；雞母一，直錢三；雞雛三，直錢一。凡百錢買雞百隻，問雞翁、母、雛各幾何？」按：直 = 值。參考第 4.9 節。

[51] 有關斐波那契及其《計算書》，參考本書第 2.5 節

[52] 參考郭書春主編，《中國科學技術史：數學卷》，頁 506–507。

- 邊緣說：這些外來學科始終都被大部分的穆斯林看作是無用的、異質的，並可能帶來危險，它們與正統的伊斯蘭傳統格格不入，因此，被排斥在教育學問外。
- 融合說：將希臘自然哲學作品視為珍寶，儘管有保守勢力的抵抗，伊斯蘭仍努力恢復希臘科學，並宣稱成功整合與接受外來學術的大部分。

這是科學史家林德伯格 (David Lindberg) 針對 「伊斯蘭對希臘科學的反應」所提出的說明，㉟當然也適用於數學史學之反思。

在本章中，我們主要「商量」五位伊斯蘭數學家，年代從第九世紀的阿爾‧花拉子密貫穿到第十五世紀的阿爾‧卡西。經由他們簡略的生平事蹟與數學生涯，以及相關旁涉的數學家，我們希望他們「共有的」阿拉伯社會文化脈絡，能夠變得更加鮮活或「立體」起來，從而為我們的數學與社會之論述或敘事，貢獻更多的啟發與反思。

事實上，在這五位數學家中，除了首尾兩位之外，其他三位數學家的選擇都與史家所論述的贊助模式有關。經由這些模式的（故事）說明，我們對於伊斯蘭數學的發展動力，也有了比較深刻的理解。伊斯蘭數學除了與天文學密不可分的三角學之外，其他的研究主題固然有其文化背景，但都很難直接歸因於實用需求，基於知識獵奇或為了取悅真主，在很多面向上都取得難得的成就。譬如，代數學及第 5 設準等等。前者一開始的開拓者阿爾‧花拉子密並未承襲古希臘歐幾里得，而是遙溯古巴比倫傳統。不過，後來的伊本‧庫拉、阿爾‧伯魯尼，以及奧馬‧海亞姆之貢獻，都可以呼應前引科學史家林德伯格的

㉟ 參考林德伯格，《西方科學的起源》，頁 177–181。

融合說。比較弔詭地，他們的生涯都涉及非常危險的政治動盪局面，他們所擁有的外來知識（主要是來自古希臘）常常成為權力鬥爭的「藉口」，因而落實了史家所謂「邊緣說」的主張。

　　無論如何，伊斯蘭數學家的研究成果已經融入西歐數學主流，同時，他們所保留的「印記」如代數學 (*al-jabr*) 等等，也都見證了他們的巨大貢獻。

NOTE

第 3 章
中世紀數學史

 3.1 **中世紀歐洲沈寂但不黑暗**

　　數學史家葛羅頓－吉尼斯 (Grattan-Guinness) 在他的《數學彩虹》中，將中世紀數學史（該書第 3 章）的標題訂為**「沈寂的千年：從中世紀早期到歐洲文藝復興」 (A quiet millennium: from the early Middle Ages into the European Renaissance)**。歐洲中世紀絕對 「不是」 黑暗時代 (Dark Ages)，這已經是 （科學） 史家非常明確之共識。[1]事實上，根據科學史家林德伯格的說法，[2]中世紀 (Middle Ages, 500–1450) 是歐洲歷史的重要時期。過去，就歐洲文明史的「進步」觀點來看，從五世紀到十一世紀常被稱之為所謂的 「黑暗時代」，不過，此一「命名」相當籠統且「黑白分明」，（有現代史學意識的）史家或學者通常棄而不用。 他們將這個時期再細分為中世紀早期 (500–1000)、 過渡時期 (1000–1200)，以及中世紀晚期或高峰期 (1200–1450)。

　　西元 1450 年代是人類歷史的一個重要轉捩點，[3]因為所謂的 「文

---

[1] 「中世紀科學史」(history of medieval science) 在歐美科學史學界備受重視，這可以從它被納入科學史研究所的博士資格考科之規定看得出來。

[2] 參考 David Lindberg, *The Beginnings of Western Science: The European Scientific Tradition in Philosophical, Religious, and Institutional Context, 600 B.C. to A.D. 1450* (1992 edition). 或林德伯格，《西方科學的起源》，前書之中譯本。

[3] 參考同上書。該書的副標題為：西元前六百至西元一千四百五十年宗教、哲學和制度脈絡的歐洲科學傳統。

藝復興時期」 從那時揭開序幕。 再接下去所發生的宗教改革 (Reformation)，科學革命 (Scientific Revolution) 等等，這些都是近代西方歷史中的重大事件，對人類文明的影響極為深遠。

先是在 1453 年，拜占庭帝國的最後堡壘君士坦丁堡（即今日伊斯坦堡），終於被（土耳其）鄂圖曼帝國蘇丹攻陷，從此，相當反諷地，這也揭開了歐洲文明史的新頁，因為從拜占庭帝國被迫出走的僧侶或學者，以及為數不少的古希臘典籍，❹都輾轉流亡到義大利威尼斯等城市，而在最終為西歐的文藝復興，建立了一個橋頭堡。❺到了 1543 年，波蘭天文學家哥白尼發表《天體運行論》，揭開科學革命的序幕。1687 年，英國牛頓出版《自然哲學的數學原理》（簡稱《原理》），完成物理學革命。這幾個事件不僅是科學史上的里程碑，同時也是人類文明的一大飛躍。我們將在 《數之軌跡 III：數學與近代科學》 第 2 章，再回到這個主題上面來。

本章將主要介紹中世紀晚期或高峰期 (1200–1450) 的數學家 （尤其是斐波那契） 及其著述。為了鋪陳相關的歷史背景，我們也將說明西元 1000–1200 年之間，大學建制興起與希臘典籍從阿拉伯文轉換成為拉丁文的翻譯運動，以及中世紀早期 (500–1000) 歐洲的教育制度。

---

❹ 拜占庭皇家圖書館的珍藏，就包括「阿基米德失落羊皮書」，它先是在 1906 年，被丹麥考古學者海伯格 (J. Heiberg) 發現，後來顯然被「偷走」並經轉手之後，最後，1998 年在紐約佳士得拍賣會上現身，而得以重見天日。有關這一份珍貴典籍，可參考諾爾、內茲合著，《阿基米德失落羊皮書》。也參考《數之軌跡 III：數學與近代科學》第 1.7 節。

❺ 在君士坦丁堡被攻陷前一年，拜占庭皇帝（君士坦丁第十一世）曾率領八百多位僧侶及學者借道威尼斯前往羅馬，請求羅馬教宗援助守城，結果由於東正教是否「歸併」的條件談不攏而作罷。後來，在拜占庭被消滅的最終戰中，威尼斯共和國竟然被鄂圖曼蘇丹策動而保持中立。

中世紀早期 (500–1000) 歐洲的教育制度

　　西歐的政治及社會生活在第十世紀前後逐漸穩定下來，教育也隨之受到重視，許多地方都出現了專門訓練神職人員的教會學校，關注於文法、邏輯與修辭這所謂羅馬「**三學科**」(*trivium*) 的學習，乃至數論 (arithmetic)、❻幾何、音樂與天文這古雅典「**四學科**」(*quadrivium*) 或前文所稱的「雅典四藝」的探究。

　　事實上，這七學科或七藝 (seven liberal arts) 的教學，早在古羅馬時代已有學者提及。譬如，作家瓦羅 (Varro, 116–27 BC) 的著作《**九學科**》(*Nine Books of Disciplines*)，是百科全書始祖。其中，他利用博雅課程 (the liberal arts) 來組織全書，並且規劃了下列九學科：文法、修辭、邏輯、數論、幾何、天文、音樂、醫學，以及建築學。到了中世紀，醫學與建築學被刪除，其餘的就成為上一段所說的（通識或博雅）七藝。❼

　　另外，比較具體的數學教育內容，則可以從下引的史料看到些微端倪。譬如，活躍於第五世紀的卡佩拉 (Martianus Capella) 的著作《水星與哲學的聯繫》，可以看出羅馬帝國時期的學校教育之大概。該書轉述歐幾里得《幾何原本》的精華，針對定義、公設做了介紹，此外，還論述柏拉圖的五個正多面體，同時討論角的大小形式，如直角、鈍角、銳角，並且研究比例、約分等性質，進而考察整數的特性，如質

---

❻ 我們將四學科中的 arithmetic 中譯成「數論」而非「算術」，主要是因為後者在西元 1850 年之後，是指實用算術 (practical arithmetic)，而非原先所指涉的 theoretical arithmetic，儘管四學科的課程內容也無從深入。

❼ 參考林德伯格，《西方科學的起源》，頁 152。

數、完美數等。這些主題至少涉及《幾何原本》第 I 冊、第 V 冊（比例論）、第 VII 冊（數論），甚至於第 XIII 冊（柏拉圖五種正多面體）之內容。[8]

　　藉由這一、兩個案例的說明，我們或許可以猜得到羅馬數學的「低檔」狀態。數學史家卡茲引述羅馬演說家西塞羅 (Cicero) 評論何以羅馬人對數學不感興趣？那是

> 因為希臘人把幾何學家捧得至高無上，因此在他們看來，沒有什麼能比數學造成更輝煌的進步。但我們卻指出這門技藝的侷限，它只是在測量和記數上有用。[9]

此外，卡茲也引述維特魯烏斯 (Vitruyius) 的《論建築》所提及的數學用途，他發現「建築師似乎只需要算術、幾何和光學方面的一些零碎的知識就夠了」。最後，卡茲再以尼普修斯 (Macus Nipsius) 的測量手冊為例，指出：羅馬的測量師們顯然採用了甚至比海龍 (Heron) 的方法更為初等的方法。[10]因此，卡茲總結了他對羅馬數學的評價：

> 看來用於測量，建築或其他管理這個帝國所必須的事務中的數學，全都取自早先的發現，他們似乎已足以解決任何出現

---

[8] 參考本書第 3.4 節。

[9] 參考 Katz，《數學史通論》（第 2 版），頁 134。

[10] 參考本書第 3.2 節。在現代的高中數學教科書中，海龍的名字因「海龍公式」而流傳於世。事實上，海龍針對這個三角形面積公式，提供了主要依據《幾何原本》相關命題的嚴密證明。可參考《HPM 通訊》第九卷第四期（2006 年）「海龍公式」專輯。

的問題，沒有更多的需要。對那些在這個領域中滿足智力好奇心的追求沒有官方的鼓勵，羅馬帝國竟然在這樣的情況下生存了五百年，對這個世界的數學知識寶庫沒有任何貢獻。[11]

羅馬人對於數學的這種「務實」態度，在西羅馬帝國覆滅於西元476 年及其後的五百年內，顯然沒有太多的改變，儘管埃及的亞歷山卓 (Alexandria) 仍有希臘化 (Hellenistic) 的餘緒。[12]譬如，女數學家海芭夏 (Hypatia, 370–415) 的成就，就是最好的見證（參考第 3.7.6 節）。不過，非基督徒的她最後壯烈殉難於政教鬥爭。[13]

稍後，也執教於亞歷山卓的約翰・菲洛普納斯（John Philoponus，約卒於 570 年），則是基督徒和新柏拉圖主義者 (neo-Platonist)，他評注了亞里斯多德的《物理學》等作品，其中，他試圖宣示許多亞里斯多德的深刻錯誤，並否定亞里斯多德對拋體運動的解釋。[14]這個插曲頗引起科學史家的注意，因為科學革命的核心爭議，就是托勒密的地心說，以及亞里斯多德的宇宙論與物理學，不過，並沒有「緊接著」的後續故事可以敘說。科學革命還是要從哥白尼的天文學革命開始，而那將是我們《數之軌跡 III：數學與近代科學》第 2 章的主題。

總之，在中世紀早期這一段期間內，歐洲數學知識活動的風貌，

---

[11] 引 Katz，《數學史通論》（第 2 版），頁 134。

[12] 洪萬生按：我年輕時自修數學史，對於數學史家 Morris Kline 有關羅馬帝國數學的評價，始終印象深刻。根據他的看法，任何人想要了解數學在哪個環境中不適合發展，只要看看羅馬帝國的歷史就行了。

[13] 她的傳記改編的電影《風暴佳人》(Agora) 值得參看。也參考第 3.7.6 節。

[14] 這個有關拋射體的運動成因及軌跡之論述，後來就成為伽利略 《兩門新科學》(1638) 的兩大主題之一。可參考《數之軌跡 III：數學與近代科學》第 2 章。

可以說與前五百年的羅馬帝國時期沒什麼差異。它們的共通點倒是：基督教會對於文化傳承（的不絕如縷）所發揮的教育功能。譬如，熱爾貝 (Gerbert of Aurillac, ca.946–1033) 就為我們提供了最佳的歷史見證。

法國人熱爾貝後來成為教宗思維二世 (Sylvester II, 999–1003)。早年，他曾在蘭斯 (Reims) 的教會學校教授七藝，強調基本的數學與天文學，影響極為深遠。這對於印度－阿拉伯數碼的普及風行（參看圖 3.1），應該發揮了不小的助力。⓯在十二世紀末大學興起之前，這一類教會學校主導了西歐的教育發展。

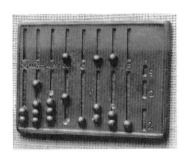

圖 3.1：羅馬算盤 + 印度－阿拉伯數碼

事實上，在中世紀早期，教會是學術與教育的主要贊助者，教會所採取的方法為創辦和扶持學校。初期的教育仿家庭功能方式，一般是由家長或家庭教師主持教導孩子閱讀、寫字和計算，約莫到 12 歲左右，學生被送往文法學專家那裡，學習拉丁文和文學（特別是詩歌）。直到 15 歲，學生前往修辭學校學習修辭技巧，通過公眾演講考驗後，

⓯ 算盤與數碼並用可參考洪萬生，〈籌算、珠算及筆算：一個數學史的初步考察〉。

有些從事政治或法律相關職業,少數師從哲學家鑽研更深的哲學研究。值得注意的是 , 自然哲學 (natural philosophy) 或數學等知識所獲得關注卻很少,因此,科學著述內容很難超越前文提及的《水星與哲學的聯繫》。

　　另一種教育方式出現在修道院內。修道院設有圖書館與繕寫室,提供抄寫員或僧侶所需要書籍的場所。[16]然而,《聖經》是唯一的教育核心內容。希臘自然哲學或數學成就在中世紀初期已經急劇衰落,原創性的自然哲學在歐洲大陸消失,取而代之的,是對於宗教價值的追求與《聖經》意義的討論。

 翻譯運動

　　西元 1000–1200 年間是中世紀西歐翻譯運動的時代。事實上,從十三世紀上半葉開始,翻譯變成為一個主要的學術活動,其地理中心則在西班牙。這是因為西班牙對於阿拉伯文化近水樓臺,而且擁有豐富的阿拉伯書籍,更重要的是,它們還有穆斯林治下的基督徒社區 (穆薩拉西,Mozarabs),有助於調和這兩種宗教文化。最重要的翻譯中心托萊多 (Toledo) 被基督徒取得之後,圖書館寶藏便陸續被開發出來。有些翻譯家是土生土長的西班牙人,譬如約翰 (John of Seville,活躍

---

[16] 譬如 1998 年重見天日的 《阿基米德寶典》, 就是修士約翰‧麥隆納斯 (Ioannes Mylonas) 在西元 1229 年 4 月 14 日所抄寫的祈禱書,為的是在耶穌復活周年日,當作禮物獻給教會。他所使用的再生羊皮紙,是從拜占庭圖書館取自原載有阿基米德的著作《平衡平面》、《球及圓柱》、《圓的測量》、《螺線》、《浮體》、《方法》及《胃痛》,以及其他的羊皮書,將它們刮掉表皮、再截半使用。因而這部祈禱書,也稱為再生羊皮書。參考諾爾、內茲,《阿基米德失落羊皮書》。

於 1133–1142）可能是穆薩拉西出身，他曾翻譯了大量的占星術著作。有些則是移居到此的義大利人，譬如普拉托 (Plato of Tivoli)，他可以在此得到訓練，而成為從阿拉伯文翻譯成拉丁文的專家。他譯有猶太裔數學家薩瓦蘇達的《實用幾何》等書，後文（第 3.5 節）將提及該書對斐波那契幾何研究之影響。

　　不過，其中最有名的，莫過於傑拉德（Gerard of Cremona，約 1114–1187）。他從義大利北部來到西班牙，尋找托勒密的《**大成**》(***Almagest***)。結果，他在托萊多發現一個摹本，便留下來學習阿拉伯文，並將該典籍翻譯成拉丁文。在此後的三、四十年間，他至少翻譯了：⑴包括《**大成**》在內的十二本天文學著作；⑵十七部數學與光學著作，譬如歐幾里得的《**幾何原本**》、阿基米德的《**圓的測量**》等重要的希臘數學經典；⑶亞里斯多德的自然哲學或方法論經典，如《**論天**》（**宇宙論，*On the Heaven***）、《**物理學**》(***Physics***)、《**氣象學**》(***Meteorology***)、《**論生成與腐朽**》(***On Generation and Corruption***) 一至三冊，以及《**後分析**》(***Posterior Analysis***)；⑷阿爾·花拉子密的《**還原與對消的規則**》(***Hisab al-jabr w'al-muqābala***)；⑸醫書凡二十四篇，包括蓋倫 (Galen) 著作，以及阿維森納 (Avicenna) 的醫典。

　　上文所述是有關阿拉伯文翻譯成拉丁文的活動大要。至於希臘文到拉丁文的翻譯則從十二世紀開始加速進行，一直延續到十三世紀。其中，最有名的學者是威廉（William of Moerbeke，約 1215–1286），他是佛蘭德道明會教徒 (Flemish Dominican)，神學大師湯馬斯·阿奎那 (Thomas Aquinas) 的朋友。至於他的（翻譯）使命，就是想要為拉丁基督教世界，提供一套完整可靠的亞里斯多德全集。他的貢獻就包括亞里斯多德的幾乎所有作品及其評論、阿基米德的幾乎所有作品，總計翻譯約 49 本書，主題遍及數學，科學與哲學。

總之，通過大規模的翻譯運動，[17]到十二世紀末，拉丁基督教世界已經恢復了希臘和阿拉伯哲學、數學與科學研究的主要遺產。在往後的十三世紀，這些書籍迅速地傳播到新近設立的教育中心──大學，對教育革新作出貢獻。然後，在文藝復興時期人文主義學者手中，開創出數學發展的全新進路。反諷地，這乃是由於希臘（文）典籍在 1453 年拜占庭帝國被消滅之後所現身的「學術資源」。請參考《數之軌跡 III：數學與近代科學》第 1.8 節。

3.4　中世紀歐洲大學的興起

　　西元 1100 年，學校逐漸出現在歐洲大陸，起初規模都很小，而且很多的學校是流動的，學生隨著老師四處講學而移動。波隆納 (Bologna) 大學和巴黎大學成立於 1200 年左右、牛津大學大約成立在 1220 年。在十三世紀晚期及十四世紀，設立一所大學要有法律的認可。Universitas（university／大學）這個名稱，是 1228 年由教皇頒布的敕令首先對教師和學生使用的。

　　這些大學當然是現代大學的「前身」，不過，課程開設及校務運作等等則大大不同，譬如，所謂的大學自主或自治 (autonomy) 之古今差異，就值得我們多加注意。茲引述科學史家林德伯格的說明如下，以供讀者參考：

　　‧歐洲中世紀的大學本來是執有特許狀的一種社團，享有高

度的自由，實行完全的自治。教師可以自由講授，學生可
自由研究，允許大學師生結社、罷課、罷教，自由安排課
程、聘請教師或享有遷移權、行乞權、免納捐稅、平時免
受兵役和不受普通司法機關管轄等。
- 中世紀大學都在不同程度上受到教會的控制，都必須開設
  神學方面的課程。
- 大學的教師也大多數都是傳教士或基督徒，因為是教會辦
  的學校，世俗的政治權威管不著，這是後代大學自治的淵
  源。**⑱**

　　因此，古、今大學即使是同一校名，是否可以稱得上是「一系相
承」，大概也很難說。然而，有了學習及「研究」的建制 (institution)，
讀寫文化傳統得以不絕如縷，則是不爭的事實。因此，儘管這些早期
的大學並未設立數學系，乃至於文理學院等等，但總是需要有人任教
（包含上述四學科的）（中世紀）七學科，於是，數學講座的設置也就
順理成章了。

　　儘管如此，中世紀大學教育的主體在於：在大學畢業之後，學生
為了謀生繼續深造的神學院 (theological school)、法學院 (law school)，
以及十四世紀之後才提升學術地位的醫學院 (medical school)。因此，
數學講座充其量只是通識教育的一環，根本不屬於任意學院 (school)，
沒有「蹲點」，從而學術地位也不夠穩固！事實上，十五、十六世紀的
偉大科學家，都是在大學攻讀法學院或醫學院時，私下向數學講座或
其他專家學習，而奠定了科學研究的紮實基礎。至於中世紀大學生的

---

⑱ 摘要參考林德伯格，《西方科學的起源》。

數學學習成效，則經常被史家嘲諷成為笑柄。譬如說，《幾何原本》命題 I.5 就有一個「**渾號**」──「**驢橋定理**」(*Pons asinorum*/the bridge of asses) 就是最佳見證，**⑲**意思是說：那是笨蛋「難過」的一座橋（關卡），才只是《幾何原本》第 I 冊命題 5 就「卡關」了。**⑳**

　　因此，科學史家對於中世紀之前的羅馬帝國科學發展的評價，大都頗有保留。羅馬人所知曉的科學或自然哲學，往往是希臘成就的一種有限制的、大眾化的形式。除了有明顯實用性的部分之外，羅馬貴族將學術視為一種消遣活動，他們對希臘自然哲學，譬如形上學和認識論等面向的精微之處，根本毫無興趣。相對於希臘數學來說，數學史家對於羅馬人的數學貢獻，甚至有一種比較極端的評價，那就是：他們認為羅馬人將「數學家」視同為「占星術士」，**㉑**而這個身分或專業標籤在他們的社會中，即使不一定有罪，至少也是相當卑微，對數學的發展帶來莫大的障礙與損害。

---

⑲ 參考《數之軌跡 I：古代的數學文明》第 3.4.3 節。這個命題內容如下：「等腰三角形兩底角相等，而且，在這兩個底角下面的（補）角也彼此相等。」至於其證明，則並非使用我們常見的作頂角平分線、底邊中線或高等補助線。但是，此一原始證法也必須作四條補助線，因而讓中世紀大學生過不了這個關卡！有關此一命題的 HPM 應用，請參考洪萬生，〈貼近《幾何原本》與 HPM 的啟示：以「驢橋定理」證明為例〉。

⑳ 按《幾何原本》第 I 冊有 23 個定義、5 個設準、5 個公理（或共有概念），以及 48 個命題。由於到命題 5 為止的學習主要以記誦為主，因此，學生對於這部經典的理解程度，當然可想而知了。

㉑ Stedall, *The History of Mathematics: A Very Short Introduction*, pp. 29–31.

3.5　斐波那契：除了兔子之外

　　世人對斐波那契所知非常有限，他大約於西元 1170 年生於比薩，沒有任何直接證據顯示他的正式名字與「斐波那契」這個名字有關。以 **「斐波那契」** **(Fibonacci)** 代替 **「比薩人李奧納多」** **(Leonardo Pisano)**，似乎是 1838 年由義大利數學史家李布里 (Guillaume Libri) 命名，此後便約定俗成，沿用至今。

　　斐波那契早年跟隨父親到布吉亞 (Bugia) 海關，為當地的比薩商人辦事。其父要他學習印度－阿拉伯數碼及其演算法則。後來，他旅行至埃及、敘利亞、希臘、西西里，以及普羅旺斯等地時，仍研讀數學不輟並與在地學者討論和爭辯。回到比薩後，斐波那契於 1202 年出版《**計算書**》(*Liber abaci*)，❷「包含了印度、阿拉伯和希臘的方法中，我認為最好的內容」。此書首先引入**印度－阿拉伯數碼 (Hindu-Arabic numeral)**，將這種十進位值記數法與運算法則介紹給歐洲人，大大地影響歐洲數學發展。這是一般人所聚焦的斐波那契貢獻，然而，《計算書》還有非常精彩的章節，值得我們在此稍加簡介。

---

❷ 本書的中文譯名曾長期被錯譯為「算盤書」。事實上，本書不但不使用算盤來進行算術運算，反倒是使用他極力推薦的印度－阿拉伯數碼 (Hindu-Arabic numeral) 來進行計算。

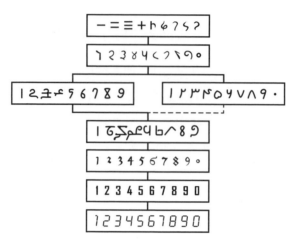

圖 3.2：印度－阿拉伯數碼的演進

　　首先，我們要鄭重推薦德福林的《**數字人**》(*The Man of Number*)
及數學史家紀志剛所譯的《計算之書》（亦即上文所稱的《計算書》），
前者儘管是普及風格的著述，但卻提供斐波那契及其數學的歷史文化
脈絡，非常值得參考，後者則是紀志剛根據數學史家席格勒 (Sigler) 的
《**斐波那契《計算書》**》(*Fibonacci's Liber Abaci*) 並參酌拉丁文版本所
中譯，可以說是下足了學術功夫，令人欽佩。

　　《計算書》共有十五章。前七章詳細介紹整數、分數與小數的加
減乘除之筆算法則（包含現代人熟悉的直式算法）之後，接著，在第
八到十一章中，就舉例說明它們在商業貿易方面的應用，其中，後來
被稱為「三率法」的比例方法之現身，就充分反映十三世紀西歐數學
與地中海地區商業活動之間的密切關聯。因此，本書針對該地區、回
教世界乃至於拜占庭帝國所介紹的各種度量衡制度、不同的貨幣系統，
以及各色各樣商品之流動，都充分見證當時的社會經濟活動，從而也

對有意理解近代西歐重商主義如何興起的讀者來說，提供了不容錯過的第一手資料。

　　不過，真正造就斐波那契傑出數學地位，卻是《計算書》第十二至十五章。在這四章中，斐波那契撰述時理論與應用兼顧，尤其在介紹阿爾・花拉子密的（阿拉伯）代數學時，也傳承了相當嚴密的幾何**「證明」**／**「演示」(geometric demonstration)**。這在一千年沈寂的中世紀歐洲數學史中，的確是難得的貢獻。

　　還有，為了幫助讀者從算術「平滑地」過渡到代數，尤其是解一元一次方程式 $Ax = B$，斐波那契更是引進單設法 (method of single false position) 及雙設法 (method of double false position)，後者近於中國漢代《九章算術》的「盈不足術」，因此，中西交流的議題很容易在此關聯下被「提醒」。不過，更有「交流」賣點的，莫過於《計算書》第十二章的**「占卜」(divination)** 問題。這個「群組」的開場白如下：「某人記得某數而不言宣，他希望你猜得出來。」其中第四題引述如下：

　　他以 3、5、7 除這個選定的數，而且你永遠可以問他各個除法的餘數多少。對於每一個除以 3 餘數為 1 的數，請你記住 70；對於每一個除以 5 餘數為 1 的數，請你記住 21；對於每一個除以 7 餘數為 1 的數，請你記住 15。而且只當總數超過 105 時，你就把 105 扔掉，剩下來就是〔他一開始〕所選定的數。例如說吧，在除以 3 而餘數 2 時，你要記住兩倍 70，也就是 140；由此你拿走 105 的話，就會有 35 留給你。而在除以 5 而餘數 3 時，你要記住三倍 21，也就是 63，此數加到

前述 35，將得到 98。在除以 7 而餘數 4 時，你要記住四倍
15，也就是 60，此數加到前述 98，將得到 158。最後，從
158 你扔掉 105，所剩下來的 53 將是所選定的數。

一個更巧妙的「占卜」將可由此方法引出，這也就是說，利
用此法，如果任何人私下選定某數，那麼，你只要問他這個
數按順序除以 3、5、7 之後的餘數，基於前述的理由，你就
可以得知某數究竟多少了。

這個問題及其解法，可以稱之為斐波那契版的「中國剩餘定理」。西元
1856 年，當英國傳教士偉烈亞力 (Alexander Wylie, 1815–1887) 在向西
歐人介紹《孫子算經》「物不知數或韓信點兵」題時，[23]他顯然並不知
道斐波那契也有此一等價之版本問世。事實上，楊瓊茹在分析「物不
知數題」「術曰」（參考《數之軌跡 I：古代的數學文明》第 4.9 節）及
上引《計算書》占卜題「解法」之後，發現「就數學表徵來看，這兩
者是一致的，雖然被 7 除的餘數以及在扣除 105 的順序不同，然而，
對解題的概念並無影響，這是因為兩者皆掌握此題技巧性解法的關鍵
性數字 70、21、15 與 105，並不需要嚴謹的數學理論作基礎，或許靈
光一閃的機智就足夠了。」

　　另一方面，楊瓊茹還指出這兩者的些微差異：「從文字形式上，我
們很容易發現『物不知數』題呈現著中國數學的特色：給實際題目，
再給解法，沒有證明。相較之下，《計算書》的『占卜』題是要去
『造』一個『數』，先給出原則，再舉例子說明。兩者的出發動機似乎
不同。還有，《計算書》的『占卜』題的說明順序，閱讀起來也比較容

---

23 參考 Wylie, "Jottings on the Science of the Chinese Arithmetic"。

易理解。」❷

　　根據我們上文引述及其說明，「占卜」題應該很容易「擄獲」科普作家的歡心才是，可惜，這個略有挑戰性的「名題」完全無法與「兔子繁殖」相提並論。在一般數學普及書寫中，「斐波那契＝兔子繁殖＝費氏數列」，總是被一般人津津樂道，我們現在就介紹這個十分著名的「科普連結」。

　　《計算書》有關兔子的繁殖數列（亦即費氏數列）的原始問題如下：

　　　某人養了一對兔子（一雄、一雌）在一個封閉的圍牆內，這
　　　對兔子在出生以後二個月才能生小兔子，而且每次都恰好生
　　　出一對一雄、一雌的兔子。假設這對兔子所生的後代其生長
　　　情形均與牠們相同（在出生以後二個月才能生小兔子，而且
　　　每次都恰好只能生出一公、一母），並且兔子也不會死掉，那
　　　麼，請問在一年以後，總共會有多少對兔子？

由題目計算，我們可以得到如下數列：

　　1, 1, 2, 3, 5, 8, 13, 21, 34, 55, 89, 144, 233, …

仔細觀察這個數列，除了每一項都是前面兩項之和外，試著計算並考察其每一項比上其前一項的比值，我們會發現它們越來越趨近黃金比 $\varphi = \dfrac{1+\sqrt{5}}{2}$。事實上，運用簡單的數列極限計算，我們可求出數列 $\dfrac{a_{n+1}}{a_n}$

的極限值為 $\varphi = \dfrac{1+\sqrt{5}}{2}$，其中 $n = 0, 1, 2, \cdots$，a_n 是此一數列（也就是所謂的費氏數列）的一般項。這個數列常見於數學普及書籍，是科普作家的最愛，甚至還有此一主題的專書《黃金比例》問世。不過，這個一般項究竟如何表徵，就需要一點思考論證的功夫。斐波那契當然沒有走到這一步，這純粹是我們現代數學家的引伸。

除了《計算書》之外，《**實用幾何**》（*De Practica Geometri*, **1223**）是斐波那契的一本更具實用色彩的幾何著作。[25] 事實上，斐波那契在本書中，為當時的測量員，提供了最有用的命題與工具，而所有這些都是他所掌握的希臘－阿拉伯 (Greco-Arabic) 數學之精華。事實上，斐波那契的進路呼應了西班牙裔猶太數學家薩瓦蘇達 (Savasorda / Abraham bar Hiyya)，後者的著作 《**面積之書**》 (***Liber embadorum / Book of Areas***)，原是他以希伯來文著述的 《**測量與計算**》 (***Hibbur ha-Meshihah ve-ha-Tishboret/Treatise on Measurement and Calculation*, 1145**)，幫助法國和西班牙猶太人測量田地，至於其編寫方式，則是摘錄《幾何原本》中的一些重要定義、公理和定理。[26]

斐波那契也是如此。根據數學史家休斯 (Hughes) 的研究，《實用幾何》與薩瓦蘇達的《面積之書》有高度的相似性。兩位作者編書動機，應該都希望兼顧面積計算的理論與實作。這就可以很好地解釋何以斐波那契在《實用幾何》的〈導論〉中，會模仿《幾何原本》的體例。他先是提供二十幾個定義，開宗明義當然是「點」，他定義如下：

---

[25] 參考 Hughes ed., *Fibonacci's De Practica Geometrie*.

[26] 不過，本書的重要性在於這是西歐最早介紹阿拉伯代數學的著作。同時，本書也標誌著希伯來人學術研究數學的開端。參考 O'Connor and Robertson, "Abraham bar Hiyya Ha-Nasi"。

點是沒有維度的東西，亦即，它不能再被分割。[27]

不過，他未曾定義「平行線」，[28]反倒是在緊接著的第二小節「**圖形性質**」(**properties of figures**) 這一節中，以「等距離」概念取代「平行」的角色。他的所謂「**等距離**」(**equidistance**)，是指：

在同一平面上的兩直線往兩端無限延長 (extended infinitely) 時，永遠不相交。

再根據此一與平行等價的性質，列出（但未證明）等距離的兩直線被第三條直線所截，其同位角、內錯角都相等。

其實，在緊接著的「**圖形建構**」(**construction of figures**) 這第三小節中，有一些性質，譬如「三角形外角等於兩遠內角之和」以及「三角形的三內角和等於兩個直角和」，[29]也只是敘述而未證明，顯然是用以描述幾何圖形的性質，在內容上應歸屬於前一小節才是。至於與《幾何原本》「**尺規作圖**」(**geometric construction**) 相關的命題，也是斐波那契為本小節所擬定的主題內容，則有(1)在給定線段上，求作一個等邊三角形；(2)在給定線段上的給定點上，求作此線段的垂線；(3)通過給定線段外的一個給定點，求作此線段的垂線；(4)求作兩直線垂直相交；(5)當兩直線垂直相交，則共有一個頂點的對角彼此相等。至於斐

---

[27] 本定義之英文版本如下 ："Point is that which lacks dimension; that is, it cannot be divided."

[28] 在《幾何原本》中，歐幾里得第 I 冊第 23 定義（也是該冊最後一個定義）就是專指平行線。

[29] 英文版如下 ：The exterior angle is equal to (sum of) its opposite interior angles.

波那契如下的這一個命題：

> 若一條直線與其他兩條直線相交，且使得同側的兩個內角
> （和）小於兩個直角（和），則若這兩條直線延長下去，就會
> 在前述內角這一側相交。❸

正是《幾何原本》的第 5 設準 (Postulate 5)，也是歐幾里得用來描述某
種幾何性質的命題。照理來說，他應該編入第二小節才是。不過，為
何此一命題涉及圖形建構，我們就不得而知了。

　　斐波那契顯然並未引述《幾何原本》最關鍵的五個設準，因為前
三個是尺規作圖的先決條件，亦即：由直尺與圓規所畫出來的圖形，
是存在的。這在奔特等著《數學起源》一書中，有非常貼切的說明，
值得我們再三咀嚼。儘管如此，他還是從《幾何原本》引述了幾個公
理 (axiom)，譬如，「等量減等量，其差相等」。這應該有助於他介紹阿
拉伯代數學吧，因為無論是阿爾・花拉子密的「還原」或是「對消」，
都需要「等號」或其等價意義的先決條件。可惜，其體例還是稍嫌混
亂。

　　最後，我們還要強調《實用幾何》的面積計算之特色。茲以圓面
積計算為例。斐波那契所引進的圓面積公式為「半周、半徑相乘」，一
如中國《九章算術》「圓田術」（參考《數之軌跡 I：古代的數學文明》

---

❸ 英文版如下： If a straight line intersects two other straight lines and makes the two
interior angles less than two right angles then the two straight lines on the side of the two
aforementioned interior angles will intersect if they are extended. 引 Hughes, *Fibonacci's
De Practica Geometrie*, p. 6。

第 4.5 節）。這個「巧合」要是不太令人感到驚奇的話，那麼，一定是由於他也參考阿基米德的《圓的測量》（晚明中譯本題銜為《圜書》），可是，根據我們的分析，斐波那契的證明並不嚴密，還需要補充關鍵的論證才行。[31]有關這一點，薩瓦蘇達針對阿基米德版的圓面積公式提供了一個洞察力十足的圖解　（如圖 3.3），　是我迄今僅見最優雅的**「圖說一體、不證自明」(proof without words)** 案例。[32]

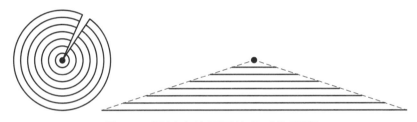

圖 3.3：阿基米德圓面積公式的解讀

　斐波那契將《實用幾何》題獻給他的朋友希斯帕努斯 (Dominicus Hispanus)，菲特烈二世的宮廷數學家。這應該是他進入神聖羅馬皇帝宮廷的敲門磚。另外一個機緣，則是他將《計算書》題獻給宮廷占星家史高特 (Michael Scott)。因此，因緣俱足，他得以將**平方數之書**(*Liber quadratorum/The Book of Squares*) 呈獻給神聖羅馬帝國皇帝——菲特烈二世 (Frederick II, 1194–1250)，也就不難想像了。這位帝王以好學著稱，他相當熱衷學術活動也予以大力贊助，所以，他的宮廷總是圍繞著一大群飽學之士。顯然，以學術上的成就當作禮物贈

---

[31] 這是楊清源針對 Hughes, *Fibonacci's De Practica Geometrie* (pp. 151–158) 的研讀與彙整的結果。

[32] 引 Grattan-Guinnes, *The Fontana History* (*Rainbow*) *of Mathematics*, p. 123。

送給高位者以尋求贊助，在當時以及之後的義大利的數學社群中，並不罕見。

《平方數之書》主題是不定方程式，共有 24 個命題，尤其是二次丟番圖方程 (Diophantine equation) 的求解問題，是丟番圖與費馬 (Pierre Fermat, 1607–1665) 一千四百多年之間，歐洲數學家在數論方面的經典作品。不過，在丟番圖的《數論》在十五世紀歐洲問世之前，《平方數之書》似乎無人聞問。

在《平方數之書》中，斐波那契以擁有極多的數學知識——自己的和前人的——而名噪一時，今日由這本書看來，的確名符其實。對於某些命題用丟番圖的方法即可解決，但他提供了另一種方法來解題，如命題 14、22 等。此外，對這 24 個命題他除了給出證明之外，有的還給出實例，如：命題 4、5、9、20、22、24 等。因此，「這本書就像是一本教科書，斐波那契希望讀者透過他的陳述，能對數學有更深的了解和肯定。當然還包括對他提出挑戰的宮廷學者和神聖羅馬皇帝。」[33]

在有關費馬最後定理的歷史論述中，《平方數之書》卻很少被提及，這說明了歐洲中世紀數學之「長夜漫漫」圖像，是一個很難破除的刻板印象。此外，他還著有《花朵》(*Flos*, 1225)，內容涵蓋神聖羅馬皇帝菲特烈二世宮廷數學「挑戰」問題，為十三世紀歐洲的數學與社會的互動，特別是帝王或貴族的學術贊助，留下了極珍貴的見證。

這一段插曲在德福林的《數字人》中有精彩的描繪，讀者或可參考洪萬生改寫的版本。[34]誠如前述，在斐波那契將《平方數之書》

---

[33] 引葉吉海，〈斐波那契的數論研究〉。

[34] 洪萬生，〈兔子之外的傳奇：斐波那契與菲特烈二世〉。

(1225) 題獻給菲特烈二世之前，他先將《計算書》(1202) 及《實用幾何》(1223) 分別題獻給宮廷占星家史高特及數學家希斯帕努斯。因此，他被召喚到這位被譽為「**世界的驚奇**」(*Stupor mundi*) 帝王宮廷，自然是再尋常也不過。 斐波那契被要求必須回應宮廷數學家約翰尼斯 (Johannes Palermao) 所提出的三道問題，以展示自己的數學能力：

第一題：找到一個有理數，使得當 5 加上它的平方之後，其結果為另一個有理數的平方；同時，從它的平方減去 5 之後，其結果也是另一個有理數的平方。

第二題：找到一個數，使得如果先將它三次方，再將結果加上它的二次方的兩倍，其結果再加上自己的 10 倍，會等於 20。

第三題：三個人共有一定量的錢，每個人所應分得的比 (例)分別是 $\frac{1}{2}$、$\frac{1}{3}$ 與 $\frac{1}{6}$；但是每個人又隨意從這筆錢中拿走一些錢，直到沒有錢剩下。然後第一個人還回他所拿的 $\frac{1}{2}$，第二個人還他所拿的 $\frac{1}{3}$，第三個人還他所拿的 $\frac{1}{2}$；此時這筆錢恰好可以三等份分給三人，之後每人所有的錢則是原本他所應得的。請問原來的錢數是多少？每個人各拿走多少錢？[35]

上引第一道題的答案是：$3 + \frac{1}{4} + \frac{1}{6}$ 或 $\frac{41}{42}$，其解法後來收入《平

---

[35] 引德福林，《數字人》，頁 99–103。

方數之書》。至於第二、三題則收入《花朵》之中。第二題是三次方程式的（近似）解，其公式解還在遙遠的三百年之後。儘管本題曾現身於奧馬・海亞姆的 《代數學》，斐波那契卻以逼近法求得其答案為 1.3688081075 …（使用也是三百多年後才問世的「十進位制表示法」），精確到小數點後第九位。第三道題（本質上）是三元一次不定方程式，答案是：第一人拿 33，第二人拿 13，第三人拿 1。由於缺乏現代符號法則，斐波那契的解法可歸屬於一種文辭代數 (rhetoric algebra) 的進路，其中他使用了一個 *res* 的代號，顯然不無冗長之嫌。然而，一旦我們將他的解法步驟一一「翻譯」成現代代數符號，就可以發現這個解法，的確需要可觀的心智活動。

最後，我們還要提及斐波那契對十三世紀歐洲商用算術的貢獻。事實上，這也是德福林的《數字人》的旨趣所在，該書英文副標題即是：**Fibonacci's Arithmetic Revolution（斐波那契的算術革命）**。因此，在該書中，作者所著力的，是斐波那契的「數學能力如何在一個重商主義的社會文化中養成，以及他的《計算書》如何見證這一個歷史現象，並成為十五世紀義大利計算學校的教材張本。」[36]

事實上，在《數字人》第 7 章〈斐波那契餘波蕩漾〉中，德福林還指出：在十三世紀末，也許還在斐波那契生前的年代，就已經出現以義大利文（方言），且為商業圈的非專家所編寫的算術教學用手冊，而這樣的書籍到十五世紀時，可能已經超過一千本了。[37]此外，他還引述了十五世紀義大利算術課程大綱 (1442)，是十分珍貴的數學教育史文本。如果將它拿來與十三世紀中國楊輝的〈習算綱目〉(1274) 比

---

[36] 引洪萬生，〈導讀〉，載德福林，《數字人》，頁 1–12。
[37] 參考德福林，《數字人》，頁 112。

較，[38]對於初等數學如何「走入民間」，一定會有更深刻的感受。這種
以方言編寫的算術印刷本之風行，還可以見證於我們下二節將要介紹
的《翠維索算術》與帕喬利的《大全》。

 ## 3.6　《翠維索算術》

　　十五世紀的歐洲，特別是在義大利北方，社會、經濟及思想等各
個面向，都產生巨大的變革。由於對於地中海東岸地區和東亞貿易量
的增加，商人紛紛要求更有效率的簿記法和印度－阿拉伯數碼運算法
則，以便處理商務計算。商界的期待加上隨著活字印刷術的發明，西
元 1478 年，威尼斯西北方的小鎮翠維索 (Treviso)，終於誕生了第一本
印刷版的算術書籍。這本書沒有書名，全書也不見作者名字，所以，
就被史家史密斯 (David Smith) 稱之為 《**翠維索算術**》(*Treviso
Arithmetic*)，英譯版也是由他所貢獻。本書也常被稱為 《計算的藝
術》，因為其中不僅介紹印度－阿拉伯十進位值系統，也使用三率法
(the rule of three)，解決很多實際的問題。

　　所謂的三率法，正如前一節所示，是斐波那契《計算書》推廣的
重要算術計算方法。它也就是現在通稱的四項比例算法，只要知道其
中三項，就能求出第四項。[39]例如書中有一道題目如下：

---

[38]　〈習算綱目〉的教育意義，可參考王文珮，〈楊輝算書與 HPM：以〈習算綱目〉為
例〉，《HPM 通訊》9(5):9–13。此外，楊輝或許也有呼應古典學問（算學被認為是其
中一種）保存之期待或訴求。參考第 4.3 節。

[39]　這相當於中國《九章算術》粟米章的「今有術」。由於它的重要性，後來也被稱之為
黃金法則 (golden rule)。

兩位商人史巴提雅諾 (Sebastiano) 和賈可末 (Jacomo) 決定合
夥。史巴提雅諾在 1472 年 1 月 1 日投入 350 個金幣；賈可末
在同年的 7 月 1 日投入 500 個金幣及 14 個銀幣。在 1474 年
的 1 月 1 日，他們發現已經賺了 622 個金幣，請求出每人可
分得的錢數。

　　關於此題的計算，在該書中，作者首先是把所有的錢換算成銀幣，
因為一個金幣的幣值等於 24 個銀幣，所以，史巴提雅諾投資了 8400
個銀幣，賈可末投資了 12014 個銀幣。再下一條的指示，是將每個合
作夥伴的投資金額乘以其投入的時間長度，所以，史巴提雅諾的投資
總額乘以 24 ， 賈可末的總額乘以 18 。 也就是史巴提雅諾的份額是
201600，賈可末的份額是 216252。因為獲利為 622 個金幣，如此依照
三率法就可以求出兩人所應分得的錢數。

3.7　帕喬利[40]

　　帕喬利 (Luca Pacioli, 1445–1517) 出生於義大利臺伯河畔的桑賽
波爾克羅 (Sansepolcro) 小鎮，今屬托斯卡尼區。他幼年時曾就學於家
鄉附近的計算學校 (*scuole d'abbaco/botteghe d'abbaco*)，接受正規的商
人養成訓練。這種學校是由計算師傅 (*maestri d'abbaco*) 所開設，主要
教授運用印度－阿拉伯數碼的算術運算，其課程部分內容可參考德福
林 (Keith Devlin) 的《數字人：斐波那契的兔子》。事實上，帕喬利就
是義大利後期的計算師傅之一，他在 1494 年於威尼斯出版的《算術、

40　本節主要改寫自洪萬生，〈解讀帕喬利：眼見為真！視而不見？〉。

幾何及比例性質之大全》，也成為十六世紀義大利數學家的必讀書籍。
至於他的肖像畫（圖 3.6）被認為是繪畫史上第一幅有關數學家的油畫
作品。不過，他在畫中的動作倒是引發了經濟史家的不同解讀。**❹**

　　「計算師傅」英文譯名為 master of abacus，中文直譯就成為「算
盤師傅」，至於他們所開設的學校，就常「順理成章地」被錯譯為「算
盤學校」，不過，在他們的教學過程中，顯然並未使用所謂的羅馬算盤
（見圖 3.1）。這可以徵之於賴希（Georg Reisch）於 1503 年出版的《**哲
學珠璣**》(*Margarita Philosophica*)。這是一部百科全書，內容包括當
時大學通識課程如七藝等學科（前文第 3.4 節已提及）。其中，有一幅
木刻圖（圖 3.4）說明兩種算法的優劣：其一是使用印度－阿拉伯數碼
的筆算，另一則是使用羅馬算盤來計算，結果前者獲勝（哪位競賽者
嘴角上揚？）可見，最遲到了 1503 年，使用印度－阿拉伯數碼的筆
算，其風行程度已經超越羅馬算盤的使用了。事實上，這也同時見證
印度－阿拉伯數碼到了十六世紀，已經風行歐洲世界了。

　　除了算術方面的訓練之外，帕喬利也進入繪畫師傅弗朗西斯卡
(Piero della Francesca) 的工作室，學習幾何學及透視學。後來，更是經
由弗朗西斯卡的推薦，也受教於米蘭畫家亞伯提 (Leon Battista
Alberti) 這位射影幾何學的開山祖師。亞伯提除了是畫家兼人文主義者
之外，也十分關注會計與家政的重要性。帕喬利因為他的提攜而進入
羅馬，在那兒成為方濟會教士及大學教師，當然也因為他的引薦，而
得以進入羅馬的藝術家圈子。經濟史家索爾 (Jacob Soll) 在他的《**大查
帳**》(*The Reckoning*) 中，針對帕喬利數學與會計學之素養如何對比人

---

❹．譬如，經濟史家索爾就將他視為會計專家，因此，他在畫中是在從事計算工作。索
　　爾，《大查帳》。

文主義的張力，提供了如下的說明：

> 帕喬利⋯⋯是幾何學家與代數學學家，他也戮力於新柏拉圖
> 主義研究；換言之，他和科西莫・德・梅迪奇來自同一個世
> 界。⓬在那個世界，商業是政治勢力的基礎，他相信會計和
> 公民人文主義密不可分；他也認為商業、古典學識和都會文
> 化贊助人，都是讓諸如佛羅倫斯等城市得以成為富裕的商業、
> 學識、藝術和建築學示範區的關鍵要素。身為一個教士暨數
> 學家，帕喬利相信這個存在巨鍊是透過上帝的語言才得以連
> 結，而他所謂的上帝語言，就是數學。在他眼中，複式簿記
> 法雖是非常世俗的學識，卻是管理日常財務生活的必要數學
> 與哲學方法。

圖 3.4：賴希《哲學珠璣》的插圖

⓬ 他的後代曾贊助伽利略 (1564–1642)，聘請這位偉大的物理學家擔任自然哲學家
(natural philosopher) 兼宮廷數學家 (court mathematician)。

　　可見，史家索爾在《大查帳》中書寫帕喬利，顯然是帕喬利被認為是會計學之父的緣故。因此，該書介紹帕喬利的學術貢獻，都歸結到與會計（尤其是複式簿記法）有關的社會文化背景。這也很好地解釋何以索爾的參考文獻，未曾納入任何一篇與數學史有關的論著。

　　帕喬利曾任教多所大學教授數學，他陸續完成另兩本著作，之後他回到家鄉完成前述也是最有名的**《算術、幾何及比例性質之大全》** (*Summa de Arithmetica, Geometrica, Proportioni, et Proportionalita*)（簡稱《大全》）。《大全》這部洋洋巨著（共 600 頁）於 1494 年出版，使用托斯卡尼方言而非拉丁文書寫，其主題包涵算術的原理和應用、代數初步、義大利各地的度量衡制度、商業記帳方法和幾何學基礎。其中在數學內容方面，他從斐波那契的《計算書》及師傅弗朗西斯卡著作，引述了許多材料。由於它的綜合性內容以及最早「印刷本」的數學教科書之特點，使它成為十六世紀義大利數學家的必備讀物，因此，我們認為帕喬利在義大利數學史上確有一席之地，儘管他欠缺原創性的貢獻。

　　至於在商業記帳方法部分，帕喬利記載了前文提及的威尼斯商人之複式簿記法 (double entry bookkeeping)，亦即，每項經濟業務都按相等金額在兩個有關帳戶中同時進行登記，這樣既有效反映了業務之間的聯繫，也提高了帳目記錄的準確性。此外，他還描述了分錄帳和總帳的使用，並且強調收支平衡的概念。

　　由於《大全》這樣一部十五世紀的「數學百科全書」中納入複式簿記法，也是非常值得注意的歷史現象，因為它為文藝復興時期算術的發展，提供了最佳歷史脈絡——重商主義。在該書中，帕喬利還提到了賭金分配問題，亦即，兩名賭徒 A 與 B 贏滿六局者可獲得全部賭金，當 A 贏了五局，B 贏了三局時，賭局意外終止，則賭金如何分

配？這是歐洲數學著作對這一問題的最早記錄之一。帕喬利試圖解決這一問題，卻得到了錯誤的答案：二比一。直到一百多年後，巴斯卡和費馬才給出了正確答案。❸

帕喬利還著有《**神聖比例**》(*Divine Proportion*, **1509**)，這是他與當時藝術家連結的一個忠實見證。譬如說吧，達文西就是他的密友，而且曾經為該書第一冊畫插圖（圖 3.5）。另一方面，黃金比 (golden ratio) 開始受人矚目，也與此書有關。針對帕喬利與達文西的關係，索爾在《大查帳》中也指出：「帕喬利形容好友是個『凡人的君王』，兩人常促膝長談有關三度空間畫法的概念。事實上，李奧納多曾就透視畫法與比率〔例〕法的使用，多次請教帕喬利的意見，最後完成的畫作，即為《最後的晚餐》(*The Last Supper*, 1495–1498)。」

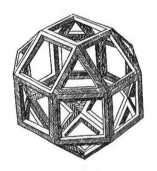

圖 3.5：《神聖比例》的達文西插畫

---

❸ 這是機率論史上著名的「點數問題」(problem of points)，巴斯卡與費馬運用不同的進路，得到相同且正確的答案。至於解題關鍵，則是他們都基於「期望值」的觀念。參考《數之軌跡 III：數學與近代科學》第 3.2 節。

圖 3.6：巴巴利 1495 年畫作

　　最後，針對圖 3.6 這一張肖像油畫 （巴巴利 Jacopo de' Barbari 1495 年畫作）的考察，數學史家、藝術史家乃至於經濟史家對於旁立的年輕人是誰，顯然各有所屬。**㊹**數學史家認為他是德國著名畫家杜勒 (Albrecht Durer)，當時他南下義大利來學習繪畫透視學。前文引述的經濟史家索爾，則認為旁立的，就是帕喬利的學生吉多巴爾多・達・蒙泰費爾特羅 (Guidobaldo da Montefeltro, 1472–1508)，烏爾比諾公爵 (Duke of Urbino) 之子。而公爵當然是帕喬利的贊助者。

　　儘管索爾意在會計史，然而，他還是極有洞識地刻畫這幅畫的歷史意義：「烏爾比諾宮廷是義大利最精緻優雅的宮廷，不過，在當地，將行會老闆、城邦顯貴人士與貴族連結在一起的中世紀時代商業活動依舊盛行；事實上，公爵本人就鼓勵帕喬利教導會計，因為和其他小型義大利城邦一樣，許多烏爾比諾的財富來自貿易活動。」

㊹ 參考洪萬生，〈解讀帕喬利：眼見為真！視而不見？〉。

這個備註也明白指出：帕喬利這位計算師傅的學術與教育活動，都離不開十五世紀義大利貴族宮廷的重商主義。數學與社會經濟之關連，由此可見一斑。

 ## 3.8　法國、德國、英國及葡萄牙的代數

　　由於義大利的計算學校對西歐算術及代數之影響極為深遠，因此，在本章最後，我們將從法國、德國、英國及葡萄牙選出幾位具有指標性數學家，來考察商業活動如何促進初等數學的蓬勃發展。我們觀察的數學家個案是法國許凱、德國的魯多夫與史蒂費爾、英國的雷科德，以及葡萄牙的努涅斯。❹

3.8.1　許凱

　　吾人對數學家許凱 (Nicolas Chuquet, 1445–1488) 的生平所知甚少，只從其自述中得知他出生於巴黎，擁有醫學士學位。他晚年移居到里昂，並在即將謝世之前 (1484)，在該地完成 《**三部曲**》 (***Triparty***)。這部書被認為是法國最早的一本代數著作，不過，它未曾出版，僅以手稿行世，雖然可能曾經被當作教材。

　　十五世紀末的法國里昂如同義大利的城市一般，商業蓬勃發展，也由此引發對實用數學的需求，這或許是許凱撰寫《三部曲》的背景。《三部曲》是一部涵蓋算術和代數的著作，第一部分涉及算術，介紹印度－阿拉伯數碼位值系統，以及詳細解釋包括「全數」（非負整數）和分數的基本運算。在本書中對於如何找出介於兩個分數之間的分數，

❹ 主要參考 Katz，《數學史通論》（第 2 版），頁 275–282。

許凱提出一個程序性的規則，那就是，將分子和分母各自相加，如此我們可以找出介於 $\frac{1}{3}$ 和 $\frac{1}{4}$ 之間的一個分數是 $\frac{1+1}{3+4} = \frac{2}{7}$，同樣的方式可以找出另一個介於 $\frac{1}{3}$ 和 $\frac{2}{7}$ 之間的分數是 $\frac{3}{10}$。在這本著作中，負數首次被使用於係數、指數及解，零也被運用於算術運算，許凱還提出對於任意數 x，$x^0 = 1$。《三部曲》第三部分有關方程式的內容，也包含二次方程式及兩個解的討論。至於跟後來的對數有關的內容，則是他對乘法中的指數法則之應用，譬如，$128 (= 2^7)$ 乘以 $512 (= 2^9)$ 得 65536，其對應的指數運算則是 7 加 9 得 16。

最後，還有值得注意的，在有關多項式的討論中，許凱對於未知數的乘冪引入了一種指數符號，使得其運算較義大利的縮略詞更加容易，譬如，他用記號 12^2 代表現在的 $12x^2$，用 $m12^{2m}$ 代表現在的 -12^{-2}。

3.8.2 魯多夫與史蒂費爾

對十五世紀後期的德國數學家來說，他們受到義大利計算師傅傳統影響的直接證據，就是代數的德文名稱，可以清楚地連結到義大利文。原來在阿爾·花拉子密的代數理論中，未知量被拼成 *shai*。當他的《**還原與對消的規則**》(*Hisab al-jabr w'al-muqābala*) 被翻譯成拉丁文時，*shai* 變成為 *res*，就是「**某物**」(thing) 的意思。不過，也有某些拉丁文的版本將 *shai* 翻譯成為 *causa*。而當後者譯成為義大利文時，就變成為 *cosa*，在十五世紀早期，有一些計算師傅開始使用縮略詞來代替未知量，譬如他們就以 *c*、*ce*、*cu* 和 *R* 分別代表 *cosa*（物）、*censo*（平方）、*cubo*（立方）和 *radice*（根）。這些縮略記號的組合，

就代表更高次冪。至於德國數學家這一邊呢，他們以德文 *coss* 翻譯 *cosa*，這可徵之於魯多夫 (Cristoff Rudolff) 的《求根術》(1525)，其德文書銜就是 *Coss*，從而他們所謂的 cossic art 就是指今日的代數。該書是第一本用德語編寫的綜合性代數著作，其內容一開始是一般的整數之十進位制之說明，但與許凱的《三部曲》一樣，魯多夫也納入未知數的乘冪，以及這些冪的名稱之縮略詞系統。[46]此外，魯多夫也引進現代符號 $\sqrt{}$ 代表平方根，並進一步修訂以代表立方根及四次方根。

　　魯多夫的著作在 1552–1553 年間由史蒂費爾 (Michael Stifel, 1487–1567) 再度發行。而史蒂費爾自己在九年前就出版《**整數算術**》**(*Arithmetica Integra*)**，其中他採用了魯多夫有關未知數冪的符號，但更強調這些符號與整「指數」之間的對應。此外，他也引進巴斯卡三角形，並指出可以利用這些係數表求高次冪之根的過程，不過，「太困難而無法書面描述」。

　　史蒂費爾在 1511 年成為神職人員，他是馬丁路德的早期追隨者。不過，他對於基督教《聖經》的詞語計算十分著迷。[47]根據他的數值方法對《聖經》某些章節的解釋，他預言 1533 年 10 月 18 日將是世界末日。到了當天早上，他召集教區所有會眾到教堂，結果什麼事都沒有發生。於是，他遭到停職與軟禁，幸有路德介入，才有機會改派其他教區繼續服務。隨後，他進入維滕貝格 (Wittenburg) 大學獻身數學研究，很快成為代數方法的專家，1544 年出版的《整數算術》應該就是他的研究心得。

---

[46] 參考 Katz，《數學史通論》(第 2 版)，頁 277。

[47] 可參考 MacTutor 網站中的 Michael Stifel 傳：https://mathshistory.st-andrews.ac.uk/Biographies/Stifel/.

3.8.3　雷科德

正如上一小節所述，史蒂費爾的《整數算術》以及他對魯多夫的《求根術》之修訂版，對於德國代數發展影響深遠，同時，對英國代數發展來說，也不遑多讓。事實上，英國數學家雷科德 (Robert Recorde, 1510–1558) 之《**礪智石**》(*The Whetstone of Witte*, **1557**) 的主要內容，就可以追溯到《整數算術》及《求根術》。根據史家的研究，《礪智石》在數學技藝上幾乎沒有創新，甚至未知數的冪之記號也完全仿自德國人。唯一令人印象深刻的，莫不是他對等號的創造。雷科德如是說：

> 為了避免「是等於」這樣冗長的字一直出現，我會如往常工作一般，設定一對平行線，也就是等長的雙子線＝，因為沒有兩個東西可以更代表相同了。

「是等於」譯自拉丁文的 *aequales*，這個詞在費馬的導數概念雛形之論證中十分重要，請參考《數之軌跡 III：數學與近代科學》第 4.4 節。更重要的，數學家／普及作家馬祖爾 (J.Mazur) 還強調：「雷科德的（等式）記法非常適合且具有優勢的點在於，它所提供的正是當數學家需要兩個個體在沒有任何無心暗示的從屬關係之下，可以自由交換的對偶性。」[48]

為了說得更明確一點，馬祖爾以邦貝利的《代數學》為例。他發現到在這部以義大利文寫成的著作中，作者使用的等號之概念與我們有所不同。譬如說吧，「說出 *sommato 1 uia 1, fara 2*（『1 與 1 的和為

---

[48] 引馬祖爾，《啟蒙的符號》，頁 210–211。

2』）與說出『1 加 1 等於 2』是不太一樣的，因為在義大利文中，『2』是隸屬於『1 加 1』之下的。在式子 1 + 1 = 2 之中有個概念上的不同，妨礙了等式兩邊的平衡。拉丁文 *aequales* 是『等於』的意思，代表的是兩個可以互換的個體之間的無偏對偶性 (unbiased duality)，但邦貝利卻選擇了單向的 *fara*。」**⓭**

$$14.~.\texttt{+}.15.~=~71.~.$$

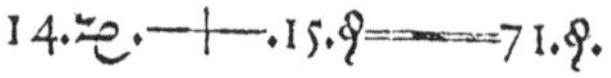

圖 3.7：《礪智石》：$14x + 15 = 71$

　　最後，簡單幾句話交代雷科德的生涯。他在 1531 年畢業於牛津大學（醫學院），不久即取得醫師執照，後來，也曾中斷醫師生涯轉任文職，但都不很成功。不過，他的著作卻頗受歡迎，除了《礪智石》之外，他還著述有關算術的《**技藝基礎**》(*The Ground of Arts*, **1543**)，有關幾何的《**知識入門**》(*The Pathway to Knowledge*, **1551**)，以及有關天文的《**知識寶庫**》(*The Castle of Knowledge*, **1556**)。這些著作體例都是師徒對話形式，而且具體方法的說明也相當詳細，可見他應該有教職經驗而且非常重視教學方法，**⓮**可惜，細節我們無從還原。

⓭ 同上，頁 210。從現代數學教育的觀點來看，算術與代數中的等號之概念完全不同，前者是單向的，後者則是兩邊可自由互換的雙向。

⓮ 參考 Katz，《數學史通論》（第 2 版），頁 280。

3.8.4 努涅斯

努涅斯 (Pedro Nunes, 1502–1578) 可能是本書所提及的唯一葡萄牙數學家。他從里斯本大學獲得醫學學士。後來，顯然由於他擔任王室家教，葡萄牙國王於 1639 年任命他為宮廷宇宙學家 (cosmographer)，這個職位的任務就是在里斯本大學提供航海學講座。1544 年他移到科英布拉 (Coimbra) 大學擔任數學講座。他從 1532 年開始撰寫代數專著 (*Libro de Algebra*)，直到 1567 年才出版，其中我們可以看到帕喬利的影響。譬如，縮略詞 *co* 表示未知數 *cosa*，*ce* 表示平方 *censo*，*cu* 表示立方 *cubo*，等等，就可以明顯地溯源到義大利的作者。然而，他似乎並不熟悉德國同行的工作。

不過，努涅斯與英國伊麗莎白一世國師約翰・迪伊 (John Dee, 1527–1608) 交情甚篤，[51]值得在此註記。後者如何描述他們的情誼，可參考 https://mathshistory.st-andrews.ac.uk/Biographies/Nunes/。

---

[51] 約翰・迪伊是英國伊麗莎白一世之國師，他父親則是亨利八世的宮廷紡織商。女王在西班牙艦隊入侵英國時，向迪伊諮詢退敵之道，在電影《伊麗莎白：輝煌時代》中，有這樣的一小段插曲。不過，他的《幾何原本》英譯本序言，尤其更具有數學史的重要性。參考劉雅茵，〈約翰・迪伊：一個有神祕色彩的數學家〉。

NOTE

第 4 章
中國數學：宋、金、元、明時期

中國數學發展在十三世紀到達了高峰。所謂的宋金元四大家秦九韶、楊輝、李冶及朱世傑，都有經典著作問世，依時間序列如下：

- 秦九韶：《數書九章》(1247)
- 李冶：《測圓海鏡》(1248)、《益古演段》(1259)
- 楊輝：《詳解九章算法》(1261)、《日用算法》(1262)、《楊輝算法》(1274/1275)
- 朱世傑：《算學啟蒙》(1299)、《四元玉鑑》(1303)

至於始終膾炙人口的偉大數學成就，則有秦九韶的大衍求一術（中國剩餘定理）及正負開方術（有理係數方程式的數值解，或稱霍納法）、李冶的天元術（建立代數方程式的一種方法）集大成、楊輝有關算學正典之保存與知識普及關懷，以及朱世傑的四元術（天元術＋方程術）與垛積招差術（高階等差級數求和方法）。不過，這些頂尖貢獻到朱世傑的《四元玉鑑》(1303) 出版後，就無以為繼，甚至他的《算學啟蒙》也完全在中土消失。❶因此，1303 年被史家認為是中國算學由

---

❶ 該書意外地由朝鮮王朝所保存，裨益朝鮮算學（東算或韓算）之獨立發展，見本書第 5 章。後來傳到日本，為和算之創立居功厥偉。見本書第 6 章。直到五百多年後 (1839)《算學啟蒙》才回傳中國晚清，可惜，該文本斯時是以更多的「歷史文獻面向」出現，而主要成為考據學的研究對象之一。

盛而衰的關鍵年。而這也常被連結到中國科技文明在十五世紀之後，逐漸落後於西方的史實。

　　針對這個所謂「**李約瑟議題**」(Needham's Grand Question)——為何在十五世紀以前有傑出表現的中國科技成就，卻無法發展出近代科學 (modern science)？❷數學史家似乎也可以提問「平行的」問題：為何在 1303 年之前，中國算學可以在幾個主題上，遙遙「領先」西方？這是回答中國算學為何由盛而衰的「等價」問題。因此，本章前半部（第 4.1–4.6 節）有關宋金元算學之論述，主要是說明中算為何興盛？最後（第 4.7–4.9 節），在明代算學部分，則企圖回答中國算學為何沒落（第 4.10 節）。

4.1　宋、金、元數學及其歷史脈絡❸

　　科學與技術在時代提供的條件框架下發展，以回應時代的需求，數學也不例外。正如《數之軌跡 I：古代的數學文明》第 4.9 節所提過的，在唐代，「算經十書」被列為國子監的算學教材。乍看之下，這十部算經主要是為了解決行政與曆法上所遇到的計算問題，但我們可在其中見到術文的抽象化與一般性，而學者針對其註解，也特別強調證明術文的正確性與敘述的一般化。然而，到宋 (960–1279)、金 (1115–1234)、元 (1279–1368) 的時代，有許多傳世的算學著作卻與官方教育無關。楊輝、秦九韶、李冶、朱世傑的著作並非針對民生經濟或天文學需求，也未曾用在科舉考試。在這些數學家的作品中，作者都宣稱

---

❷ 這個難題源自李約瑟 (Joseph Needham) 有關中國之科學與文明之研究，它有甚多版本，此處採用比較中性的敘述。

❸ 第 4.1–4.6 節內容由博佳佳 (Charlotte-Victorine Pollet) 主筆，並由英家銘翻譯與改寫。

他們引用了前人的著作，並且志在保存古代知識。北宋的朝廷曾在 1084 年於國子監設立算學科，但在 1086 年就廢除，後來的朝廷也僅是斷斷續續地進行算學教育，並沒有持續地維持運作。北宋之後，戰亂持續在南宋、金、元帝國發生。雖然算學在這段時間不完全受到官方重視，軍事與政治衝突也可能讓政府無暇顧及教育，但中國數學在這個時代仍然寫下重要的一頁。

這段時間的中國南方，出現了秦九韶與楊輝，在中國北方則有李冶與朱世傑這兩位算學家，從他們的著作我們都可以看到卓越的數學成就。不過，我們現在能夠讀到他們的作品，主要是因為清代乾嘉學派學者從清帝國、朝鮮與日本各地收集古代文本，考證與校訂編輯之後的結果（可參考《數之軌跡 III：數學與近代科學》第 5.3 節）。當時的學者考證出宋、金、元時代上述四位算學家的作品，他們四位彼此之間似乎沒有見過面，也不曾有紀錄表明他們閱讀過彼此的著作。在當時可能有更多的算學家，只是作品都已失傳。當時有紀錄的學者如蔣周、劉益等人的著作均已完全失傳，而著名的學者沈括或許曾研究過算學，但僅有少數內容傳世。❹

楊輝、秦九韶、李冶、朱世傑的著作討論了一元高次方程式、多元高次方程組、同餘方程組的解法，也有當時在真實情境應用的數學內容，我們將在後文簡述。有關當時算學高度發展的原因，史家有一些猜測。北宋時期的雕版印刷技術頗為發達，1084 年，北宋祕書省刊刻了《九章算術》等漢代以降的算經，這是中國歷史上最早有紀錄的印刷算學著作。那些數學印刷著作雖然已經佚失，但十三世紀南宋鮑澣之翻刻了這些算經。因此，宋代數學著作的印刷出版，讓數學知識

---

❹ 關於沈括的數學研究，可參閱英家銘，〈算術不患多學──沈括的數學漫遊〉。

在官方教育系統之外廣為流傳，這可能是宋、金、元時期數學知識發展的原因之一。

　　另一方面，當時的文化思想脈絡也可以提供部分的解釋。宋、金、元時期程朱理學有相當大的能見度，數學家可能也受到當時理性與系統化的議論之影響。[5]此外，道教（全真教）思想的興盛也影響了當時的學者，組合學、魔方陣（或縱橫圖）與天文學等知識被道教信徒研究。最後，社會變革與農業、手工業、商業的發展，也為數學帶來新的需求。城鎮規劃、灌溉河道開鑿等工作，雖然沒有帶出太多新的數學問題，但數學家在這些需求中，可以證明他們有良好的計算能力。這個時代最美妙的數學成就之一是「天元術」。如果代數的定義是藉由未知數建構等式的一組計算規則，以及尋找未知數之值的方法，那麼，這種代數在十三世紀就已經存在於中國，而被稱為「天元術」。關於這個方法，現存最古老的文本是李冶所寫的《測圓海鏡》(1248) 與《益古演段》(1259)。在這兩本文本中，代數看來像是一組成熟的方法，而我們沒有更古老的文本可以看出這個方法發展的過程。

　　以下，我們從李冶開始，依序介紹前述四位宋、金、元時期的重要算學家。

 ## **4.2** 李冶及其《測圓海鏡》和《益古演段》

　　李冶是宋、金、元時期最有名的學者之一。他在西元 1192 年生於金帝國一個士大夫的家庭（父親也是進士），原名李治，後改名為冶，可能是為了避免與唐高宗同名。1230 年，李冶考中金國進士，同年得

---

❺ 可參考傅大為，〈從文藝復興到新視野──中國宋代的科技與《夢溪筆談》〉。

到鈞州知事的官職，但 1232 年，蒙古軍攻破鈞州，李冶流亡北方避難，被認為經常居停全真教道觀，並與教士論學。❻西元 1234 年，金帝國為蒙古所滅，李冶放棄出仕的想法，潛心學問。他在人生的後半多數時間居住在河北的封龍山，可能有收徒教學，科目甚至包含算學。1257 年，他接受忽必烈召見，不過，一直到 1265 年才出仕一年。1279 年，李冶死於封龍山。除了《測圓海鏡》與《益古演段》之外，李冶還寫下《泛說》、《敬齋古今黈》、《敬齋文集》，以及《壁書叢削》等書，但只有《敬齋古今黈》以及《泛說》的一部分流傳至今。

　　李冶書中提到的「天元」，指的是道教「天、地、人」中的「天」。用來指涉未知數的「元」則是來自《易經》。天元術的計算會在一個計算平面上使用算籌進行計算。數學式中會以籌算的排列代表數字，並在不同列代表未知數不同的乘冪。籌算的數字表示法有縱橫兩種，在各位數字上交替表示：

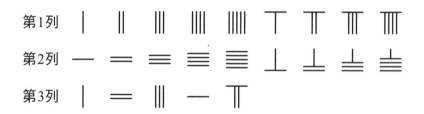

第 1 列：個位、百位、萬位等奇數位一至九的籌算表示法

---

❻ 譬如元代著有天文書籍《革象新書》的趙友欽，就是一位不折不扣的全真教徒，他曾利用割圓術，核證祖沖之的 π 近似值：$3.1415926 < \pi < 3.1415927$。參考洪萬生，〈數學與宗教〉；或 Volkov, "Science and Daoism: An Introduction"; "The Mathematical Work of Zhao Youqin: Remote Surveying and the Computation of π".

第 2 列：十位、千位等偶數位一至九的籌算表示法

第 3 列：一萬二千三百一十七的籌算表示法

至於代數式，例如《益古演段》上卷第十三問中的圖示：

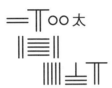

用現代符號翻譯，即相當於下式：

2700　　　　太

　252

　　5.87

意即 $2700 + 252x + 5.87x^2$。[7]在這個表示法中，每列代表某個未知數的乘冪，最上方是常數，中間是未知數的係數，而下方是未知數平方的係數。在這個多項式的表示法中，通常會用「太」或者「元」來提示係數的意義。上面表示法中的「太」代表的就是常數的位置。有些情況下會在一次項的旁邊標記「元」。上面由常數開始，越往下乘冪越高的表示法是《益古演段》的用法，《測圓海鏡》的表示法則相反，常數項在最下一列。

　　《測圓海鏡》與《益古演段》在幾何圖形表徵的使用上，也存在許多有趣之處。在《益古演段》中，幾何圖形是用來表示尋找未知數

---

[7] 在《益古演段》中的多項式表示法，其上、中、下三層所對齊之處即表示個位數。由個位數開始往左則為十、百、千、萬；個位數開始往右則為分、釐、毫、絲。

過程中，所需要的平面圖形轉換，而《測圓海鏡》則給出中算史上第一個在頂點標注記號的平面幾何圖形。❽

《測圓海鏡》的開頭給了一幅「圓城圖式」（圖 4.1），書中所有的方程式都來自這幅圖。《測圓海鏡》包含的 170 個問題，都與圖中的一個或多個三角形有關。

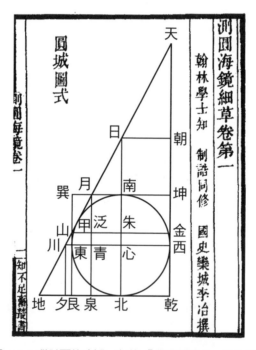

圖 4.1：《測圓海鏡》中的「圓城圖式」複製圖

---

❽ 標注頂點的靜態平面幾何圖形，是歐式幾何的特徵之一。東亞算學文本中的幾何圖形，大多標記線段或平面圖形。 參考 Volkov, "Geometrical diagrams in traditional Chinese mathematics"。

　　至於《益古演段》，作者在疊加的平面圖形上解題。這些平面圖形會用想像的方式，被切割、拼補、黏貼來形成二次方程式。這個方法就叫做「條段」，而天元術則是李冶加在古代條段法上，用來解釋與推廣的手段。下面我們舉《益古演段》第五問為例來說明。

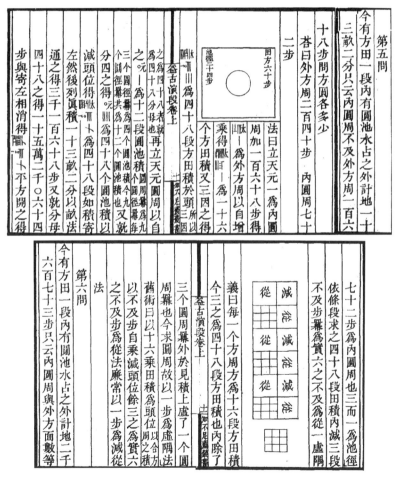

圖 4.2：《益古演段》第五問

以下，我們用現代符號說明這個問題的內容與解法。如圖 4.2 上半部所示，有一個正方形的田地，中間是圓形的池塘。已知方田的面積扣掉圓池的面積為 13 畝 2 分， 且方田的周長比圓池的周長多 168 步，問方田邊長與圓池直徑各多少？

　　令方田周長為 p，面積為 S，圓池周長為 x，面積為 C，且令田地實際面積 $A = S - C$。另外為了方便起見，圓池周長比方田周長短少的「不及步」168 步，以 a 表之。那麼，天元術列式的思考過程如下：

$$p = a + x = 168 + x$$

$$p^2 = (a + x)^2 = a^2 + 2ax + x^2 = 28224 + 336x + x^2 = 16S$$

$$3p^2 = 3 \times 16S = 3a^2 + 6ax + 3x^2 = 84672 + 1008x + 3x^2 = 48S$$

$$12C = x^2$$

這裡要說明的是，《益古演段》中使用的圓周率是 3，所以，圓周的平方 $(2\pi r)^2 = 4\pi^2 r^2 = 4\pi \cdot \pi r^2 = 12C$。另外，設圓的直徑為 d，李冶自己在註解中也寫到，圓周的平方 $(2\pi r)^2 [= (\pi d)^2] = 9d^2$，$3d^2 [= 4\pi r^2] = 4$ 倍圓面積，則 $9d^2 = 12C$。接著，李冶繼續以天元術計算：因為 1 畝 = 240 步，13 畝 2 分 = 3168 步，故

$$84672 + 1008x - x^2 = 48 \times 3168 = 152064$$

最後得到方程式

$$-67390 + 1008x - x^2 = 0$$

解二次方程式得 $x = 72$ 步為圓池周長，除以三即得直徑。

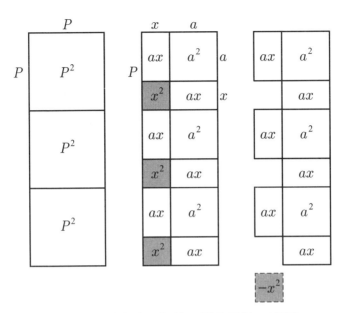

圖 4.3：《益古演段》第五問條段法示意圖

　　接下來，李冶再用「條段法」來解這個問題。條段法一開始就得到一個方程式「四十八段田積內減三段不及步冪為實，六之不及為從，一虛隅」。我們直接看李冶的「義曰」以及他作的圖就會理解。首先，他作出三個正方形，每個正方形的邊長皆為方田邊長 p（如圖 4.3左）。每個正方形是 $16S$，三個合起來是 $48S$。因為 $48S = 48C + 48A$，而 A 是題目給定的常數，所以，我們必須在圖中把 $48S$ 去掉 $48C$。我們還知道 $48S = 3p^2 = 3(a+x)^2 = 3(a^2 + 2ax + x^2)$，所以，這三個正方形每個可以分別再分割成四個矩形，其中包含一個邊長為 x 的正方形，一個邊長為 a 的正方形，以及兩個邊長為 a 與 x 的長方形（如圖4.3 中）。

現在，要移除 $48C$，就要用到李冶註解提到的等式 $9d^2 = 12C = x^2$。移除 $48C$ 需要在圖中去掉四個 x^2 的正方形，原本圖裡面有三個可以去掉，李冶說「內除了三個圓周冪」，另還需在外面多去掉一個，所以，李冶說「外於見積上虛了一個圓周冪也」（圖 4.3 右）。結果，我們在圖上可以看到 $48A = 3a^2$（圖 4.2 中三個標記「減」的正方形）$+ 6ax$（圖 4.2 中六個標記「從」的長方形）$- x^2$（圖 4.2 多出來那個虛的正方形九宮格），整理得到 $48A - 3a^2 = 6ax - x^2$，這個方程式就是前面所說「四十八段田積內減三段不及步冪為實 $(48A - 3a^2)$，六之不及為從 $(6ax)$，一虛隅 $(-x^2)$」，最後解二次方程式得到答案。

　　以上即為李冶在其著作中討論的天元術與條段法之簡介。❾

 ## 朱世傑及其《四元玉鑑》和《算學啟蒙》

　　在天元術的相關著作中，朱世傑的《四元玉鑑》可能是最有名的一部。朱世傑活躍於西元 1300 年前後，比李冶的時代稍晚。關於朱世傑的生平資料甚少，他可能出身自今日北京附近的燕山。在經過二十年以上的遊歷之後，他在揚州定居，並以講授算學為業。他從未曾像李冶一樣出仕，而是以他的專門知識謀生。揚州因鹽業致富，且商業與手工業興盛。社會條件使得教數學在這裡是可能謀生的工作。中國在此之前，算學從業人員幾乎都是政府官吏，而算學著作皆由士大夫所撰寫。像朱世傑這樣的「專家」是很少見的。在元帝國的體系中，漢人不易出仕，但當時的社會條件與經濟的穩定，使得數學教師變成

❾ 關於「條段法」，參考博佳佳 (Pollet) 的著作：*The Empty and the Full: Li Ye and the Way of Mathematics: Geometrical Procedures by Section of Areas*。

一項職業。朱世傑在他的教學生涯中，寫下《算學啟蒙》(1299) 和《四元玉鑑》(1303)。

　　《算學啟蒙》三卷分為 20 門，共 259 個問題，內容從乘除法開始，依序由簡入深至開方與天元術。這本書包含了當時幾乎所有的基礎算學知識。在該書首的「總括」篇中，朱世傑評論了前人或時人對《九章算術》「正負術」的誤解。他在「總括」中，先引述如下：

> 明正負術
> 　其同名相減　　則異名相加　　正無人負之　　負無人正之。
> 　其異名相減　　則同名相加　　正無人正之　　負無人負之。

緊接著，他（以自註形式）提出如下評論：

> 按九章註云：……其無人者為無對也。無所得減，則使消奪者居位也。人作入非。

如此說來，朱世傑的「劍指」對象是誰呢？按照著作出版年代順序，楊輝最有可能，因為在他的《詳解九章算法》(1261) 中就指出：

> 正無入負之，負無入正之，無入為無對也……。

可見，儘管我們無法確定知道朱世傑與楊輝是否碰面，然而，他們在各自的著述中，隔著「異時空」與另外的同行「對話」甚至「糾謬」，是不無可能的。❿

　　朱世傑的另一本經典《四元玉鑑》分為三卷、24 門，共 288 個問

題。本書有兩大主題，其一所謂「四元術」是討論二次或高次多元方程組的解法，書中有 36 個二元高次方程組問題，13 個三元高次方程組問題，以及 7 個四元高次方程組問題。本書開頭有現在被稱為「巴斯卡三角形」的「古法七乘方圖」(圖 4.4)，會應用於解高次方程式。如同本書題名所示，在書中天元術被應用於至多四元的高次方程組。方程式的列式與計算仍然使用算籌，而未知數以天、地、人、物來表示。朱世傑的數學被部分學者認為是中國數學最重要的成就之一。

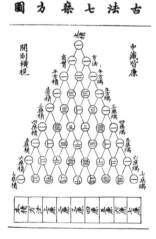

圖 4.4：古法七乘方圖

《四元玉鑑》另一主題是「垛積招差術」，在 (圖 4.4)「古法七乘方圖」或「巴斯卡三角形」中，左數第二斜列 1, 2, 3, 4, …之和稱為茭

草積。左數第三斜列 1, 3, 6, 10, …之和稱為三角垛積。「三角垛」被稱為「茭草積」的「落一形垛」，等等。因此，高階等差級數（或垛積術）與巴斯卡三角形息息相關。我們在第 4.5 節會介紹南中國的算家楊輝，他的著作曾被收錄至《永樂大典》中，而現存《永樂大典》關於算學的部分不多，就包含在其他文本中未收錄的「賈憲楊輝三角」（如圖 4.5）。對比朱世傑「古法七乘方圖」和「賈憲楊輝三角」，「古法七乘方圖」多了斜線，其用意顯然就是為了研究垛積術。

圖 4.5：《永樂大典》收錄之「賈憲楊輝三角」

 4.4　秦九韶及其《數書九章》

我們接著介紹十三世紀中國南方的算學與算學家。在李冶完成《測圓海鏡》前一年的 1247 年，南宋的秦九韶出版《數書九章》。根據他在書中的自序，他在年輕時隨父親赴京城，「因得訪習于太史，又嘗從隱君子受數學」。後來，他隨父親至四川，自己也歷任數個不同的地方官職。秦九韶撰寫《數書九章》的時候，是南宋不斷對抗北方的戰亂

年代，而他自己也經歷母喪才完成著作。

　　秦九韶的《數書九章》觸及許多數學問題，包含一次同餘方程組、一元高次（至多十次）多項方程式的數值解等等，在應用方面則包含曆法、軍事與測量的問題。秦九韶在《數書九章》中給出後代稱為「中國剩餘定理」的一般性程序，秦九韶稱之為「大衍求一術」與「大衍總數術」。相關的方法在更早的《孫子算經》曾出現，但其解法簡略也沒有說明理論基礎。

　　與大衍術有關的討論，出現在《數書九章》的第一卷，秦九韶討論這個方法的時候，會將之與《易經》與數術「神祕學問」連結。「大衍求一術」 是要求解一次同餘方程組 $N = r_i \pmod{m_i}$，其中所有的模 m_i 互質。這個問題最後會化簡為求解

$$N = (\sum r_i x_i (\frac{M}{m_i})) - \theta M，其中 M = \Pi m_i 且 x_i P_i \equiv 1 \pmod{m_i}，$$

而 $P_i \equiv \frac{M}{m_i} \pmod{m_i}$。

經由適當地選取 θ，我們可以找到滿足條件的 N。「大衍總數術」則是更一般的方法，討論模 m_i 不互質的算法。秦九韶討論大衍術的原因，來自古代天文學家計算 「上元積年」 的需要，[⓫]也就是，從各個行星的某個理想排列方式（譬如所謂的「日月合璧、五星連珠」），到編曆時所需的時間。秦九韶自己在書中也多次將大衍術應用到曆法、工程、稅賦等問題上。

　　從計算實作 (computation practice) 的角度來看，秦九韶 「身處」 在數學與天文兩種不同的計算文化之間。這是數學史家朱一文的研究

⓫ 印度人則利用類似方法求「上元積日」，參考本書第 1.2 節。

成果。[12]他還認為：對於數學的計算文化來說，計算程序會被以文字紀錄於算學著作中。而關於天文的計算文化，其計算過程則鮮少被記載於曆書中。由於將不同計算文化中的元素結合，秦九韶乃得以創造出大衍術。他將算籌的計算程序文字化，而文本流傳後世，到近代大衍術被稱為「中國剩餘定理」。在這裡，我們稍可看到不同文化結合的錯綜複雜過程。不同的文本可以看到不同數學文化的融合，下一節有關楊輝的介紹，也會有許多文化的元素。

 ## 4.5　楊輝及其《楊輝算法》和《詳解九章算法》

李冶和朱世傑來自中國北方，秦九韶則來自中國南方，他們都嘗試探索新的數學方法。相對來說，同樣來自南方的楊輝，則相當關注數學知識的普及。楊輝來自錢塘（今日的杭州），陳幾先為他的《日用算法》（今已失傳）作跋時，稱楊輝「**以廉飭己，以儒飭吏**」，因此，他有可能跟朱世傑一樣，也從事算學教學。從而，他對算學知識的想像，可能也呼應了宋儒的文化思維。

事實上，楊輝的幾本著作中收集了一些已失傳古籍內的問題與計算方法。某些計算方法，例如，楊輝摘錄了劉益《議古根源》11 題的內容，而另外某些計算方法，例如《辨古通源》（年代不詳，最晚可能是十二世紀中）中的「開方不盡之法」，就是因為楊輝的討論才會流傳至今。[13]除此之外，楊輝也很喜歡盡可能簡化演算程序。有一件事情

---

[12] 朱一文，〈秦九韶對大衍求一術的籌圖表達——基於《數書九章》趙琦美鈔本 (1616) 的分析〉。

[13] 關於楊輝著作中引用前人失傳作品的內容，數學史家李迪曾有詳細的討論，請見李迪，《中國數學通史：宋元卷》，頁 8–24；138–141。

還需要提及，就是在楊輝及其後的時代，「算盤」的使用逐漸普及，最終取代「算籌」（詳見第 4.7 節）。不幸的是，算盤的逐漸普及，使得算籌那樣基於位置的「代數思考」逐漸被淡忘，「天元術」也越來越鮮為人知。算盤的確可以加速四則運算，而在這個脈絡下，口訣和各樣的記憶方法也常被使用。因此，楊輝的作品可以讓我們認識在算盤風行之前的普及數學教育內容。

楊輝的著作包含《詳解九章算法》(1261) 與《日用算法》(1262)，而這兩部著作現存的版本都不完整。而他在後期 1274 至 1275 年間所著作的三本書《乘除通變本末》(1274)、《田畝比類乘除捷法》(1275)，以及《續古摘奇算法》(1275)，現在統稱《楊輝算法》，其中也包含和北中國李冶著作中類似的幾何式方程式解法。圖 4.6 為《楊輝算法》內《田畝比類乘除捷法》第 46 題，其解法與李冶《益古演段》中的方法有異曲同工之妙。

簡單來說，已知長方形面積為 A 且長與寬之和為 a，假設長方形寬為 x，則我們可以作出如圖 4.7 的圖形，相當於方程式 $A + x^2 = ax$。解二次方程式之後可得寬。

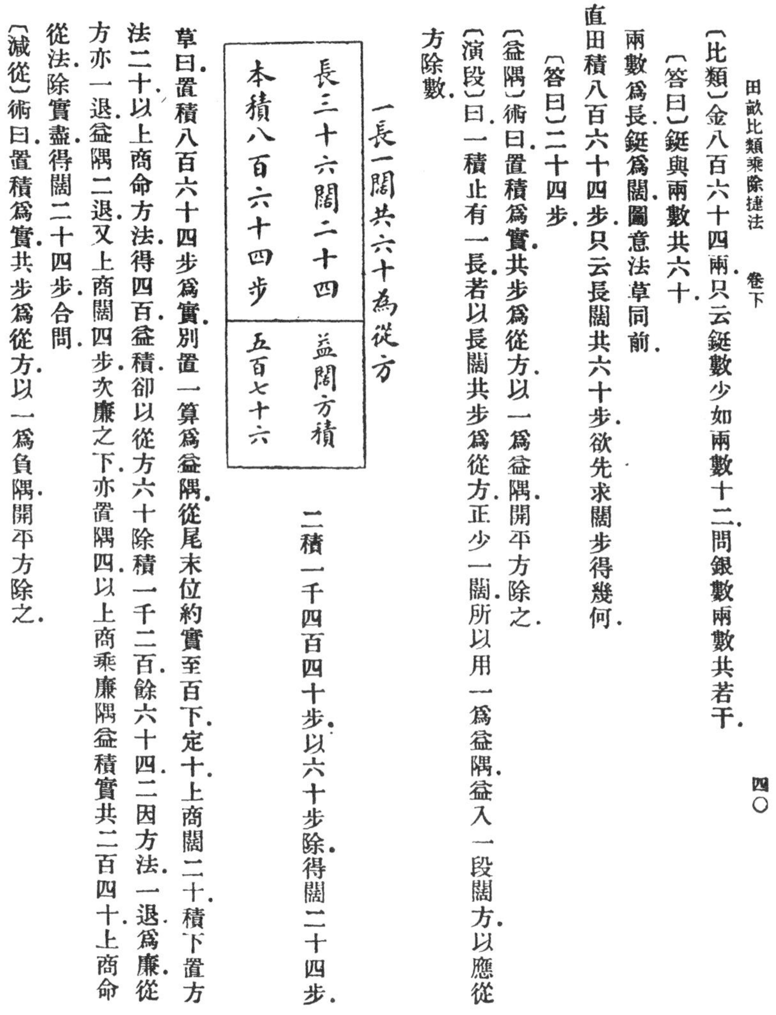

田畝比類乘除捷法　卷下

〔比類〕金八百六十四兩只云鋌數少如兩數十二問銀數兩數共若干．

〔答曰〕鋌與兩數共六十．

兩數爲長鋌爲闊圖意法草同前．

直田積八百六十四步只云長闊共六十步欲先求闊步得幾何．

〔答曰〕二十四步．

〔益隅〕術曰置積爲實．共步爲從方以一爲益隅開平方除之．

〔演段〕曰一積止有一長若以長闊共步爲從方正少一闊所以用一爲益隅益入一段闊方以應從方除數．

四〇

一長一闊共六十爲從方	
長三十六闊二十四	
本積八百六十四步	益闊方積
五百七十六	

二積一千四百四十步以六十步除得闊二十四步．

草曰置積八百六十四步爲實別置一算爲益隅從從尾末位約實至百下定十．上商闊二十．積下置方法二十以上商命方法得四百益積卻以從方六十除積一千二百餘六十四二因方法一退爲廉從方亦一退益隅又上商闊四步次廉之下亦置隅四以上商乘廉隅益積實共二百四十上商命從法除實盡得闊二十四步合問

〔減從〕術曰置積爲實共步爲從方以一爲負隅開平方除之．

圖 4.6：《田畝比類乘除捷法》第 46 題

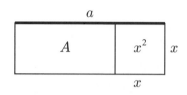

圖 4.7:《田畝比類乘除捷法》第 46 題演段示意圖

　　本節最後，我們將要略論楊輝的《習算綱目》。它載於《乘除通變本末》之首，一直都被認為是楊輝自己的數學教學之課程大綱。事實上，它的確是中國數學教育史的重要文本，在十三世紀南宋時期現身，呈現了多重的歷史意義。在一方面，它顯然是楊輝自己學算經驗之反思（譬如習算的目的何在？），另一方面，它也反映了當時社會文化脈絡的某些面向（譬如算書的「目標讀者」等等）。❹

　　根據王文珮的研究，《習算綱目》從九九合數、乘除運算為首，一直到《九章算術》的內容，都詳細列出每個單元的教學進度、學習重點及時程安排等說明，是中國古代數學教育史上，重要且珍貴的數學教學計畫資料。它包含了以下幾個有關教學面向的啟發：(1)悉心安排學習時程；(2)提供學習參考書目；(3)層次分明的程序性教學；(4)重視基礎知識及學習細節。❺根據我們的統計，《習算綱目》所參考或引述算書計有如下數種：《五曹算經》（楊輝有勘誤三題）、《應用算法》（未提及作者）、《詳解算法》（楊輝自撰《詳解九章算法》）、《指南算法》（未提及作者）、《九章（算術）》方田章、《張丘建算經》，以及《九章纂類》（楊輝自撰，附於《詳解九章算法》之末）。有關學習總共所需

時日，則粗估至少需要 187 日。其中，針對楊輝最重視的《九章算術》之學習，他的教學考量如下：

> 《九章》二百四十六問，除習過乘除、諸分、開方，自餘方田、粟米，只須一日。下編衰分，功在立衰。少廣全類合分。商功皆是折變。均輸取用衰分、互乘。每一章作三日演習。盈不足、方程、勾股用法頗難，每一章作四日演習。更將《九章纂類》消詳，庶知用算門例，而《九章》之義盡矣。

在這樣密集教學的壓力下，哪些是楊輝的目標學子？過去，中國數學史論述總是喜歡將楊輝視為數學普及的最忠實代表，因為他的著作在李冶、朱世傑及秦九韶的論述之映照下，大都淺顯易懂，而這當然也是他著述《日用算法》之用意：

> 夫黃帝九章乃法算之總經也。輝見其機深法簡，嘗為評注。有客論曰：「謂無啟蒙日用，為初學病之。」今首以乘除加減為法，稱斗尺田為問，編詩括十有三首，立圖草六十六問。用法必載源流，命題須責實有。分上、下卷，首少補日用於萬一，亦助啟蒙之觀覽云耳。

「啟蒙日用」誠然是最根本考量，但是，《九章算術》「機深法簡」，他為何如此重視呢？譬如，他就將自己的《九章纂類》納入課程之中。還有，如以中國清初實學大師李塨 (1659–1733) 的《學計》來對照，那麼，楊輝的《習算》vs. 李塨的《學計》就有天壤之別，儘管他們顯然都標榜啟蒙日用。

李塨的《學計》載於他自己的《小學稽業》，全文八頁的一大部分為算盤的基本運算法則，名為〈計〉；另一小部分則是有關田地丈量，名為〈九章算法・方田〉。〈計〉所提出的算盤基本法則，都是以歌訣形式呈現，共有〈九九數〉、〈算盤九九上下法〉、〈乘法歌〉、〈九歸歌〉、〈歸除〉、〈歸因總歌〉、〈加減歌〉及〈定位歌〉等。其中，〈乘法歌〉、〈歸除〉、〈加減歌〉和〈定位歌〉等涉及運算法則，除口訣外，都有例題予以說明。至於〈九章算法〉為何只舉方田？李塨自道：「數學測量天地，推算日月，區畫山河，指數古今，極天下之變者也。幼學者恐未能盡譜。故九章惟登方田大略，以下粟米、衰分、少廣、商功、均輸、盈朒、方程、勾股各有成法，學者以次考而習之可也。」⑯

　　以楊輝來對比李塨，對於後者這一位儒學大師未盡公平，不過，這或許可以凸顯《習算綱目》對於中國南宋時期的學者之特殊意義所在。我們且回頭看北宋算學的社會文化脈絡。北宋元豐七年 (1084)，祕書省刊刻《九章算術》等十部算經，並送到全國各縣推廣。崇寧間 (1102–1106) 發布國子監算學令及算學格，對於算學館教材、考試要求，以及算學館的官職、科舉科目，以及及第後的任用，都有明確規定。此外，為了激勵算學的研究與發展，北宋大觀三年 (1109) 禮部頒布「算學祀典」，為五代前的 66 位（曆）算學家（含劉徽）加封五等爵，以陪祀孔子。在這樣的背景下，楊輝這樣一位地方小吏對於自己的習算，顯然有了起碼的自信，他的《續古摘奇算法》自序是個忠實的見證：

---

⑯ 本段是蘇俊鴻的研究成果所改寫。

夫六藝之設，數學居其一焉。……自昔歷代名賢，皆以此藝
為重，迄於我千載。宋設科取士，亦以《九章》為算經之首，
輝所以尊尚此書，留意《詳解》。或者有云無啟蒙之術，初學
病之。又以乘除加減為法，稱斗尺田為問，目之曰《日用算
法》。而學者粗知加減歸倍之法，而不知變通之用，遂易代乘
代除之數，曾續新條，目曰《乘除通變本末》。及見中山劉先
生益謙《議古根源》，演段索積，有超古入神之妙。其可不用
發揚以裨後學？遂集為《田畝算法》。通前共刊四集，自謂斯
願滿矣！一日忽有劉碧澗、丘虛谷攜諸家算法奇題及舊刊遺
忘之文，求成為集，願助工板刊行。遂添摭諸家奇題與夫繕
本及可以續古法草，總為一集，目之曰《續古摘奇算法》，與
好事者共之。觀者幸勿罪其潛。

上引提及楊輝一生的五部著作，依序為《詳解九章算法》(1261)、《日
用算法》(1262)、《乘除通變（算寶）本末》(1274)（內含《習算綱
目》）、《田畝比類乘除捷法》(1275)、《續古摘奇算法》〔內含縱橫圖
（魔方陣）〕(1275)，後三本合輯為《楊輝算法》，至於《日用算法》
則失傳。
　　在上述引文中，我們還可以注意到楊輝出版《詳解九章算法》的
深刻關懷，乃是由於「《九章》為算經之首」，因此，他希望藉由它的
「詳解」來傳承並推廣這部算經：

　　恐問隱而添題解，見法隱而續釋註，刊大小字以明法草，偕
　　比類題以通俗務。凡題法解白不明者，別圖而驗之。編乘除
　　諸術，以便入門。纂法問題次見之章末。總十有二卷，雖不

足補前賢之萬一，恐亦可備故來之觀覽云爾。

這種關懷當然與宋室南渡之後，充斥書肆的偽本成為書商的「一時射利之具」有關，這應該可以解釋何以「學算」人士如劉碧澗、丘虛谷拜訪楊輝，[17]進而出資請求他校勘典籍刊行於世。

這種贊助類似今日臺灣寺廟仍然可見的善書助印，不過，楊輝時代的算書之讀者，應該還包括許多不第的士人。史家劉祥光指出：「宋代卜算文化另一特別之處是大量士人轉業，這種現象約始於北宋中期，但在南宋大量出現。」[18]正如秦九韶的見證：內算（卜算）與外算「其用相通，不可渠二」。因此，這些從事卜算的士人閒暇研讀外算書籍，絕對是個合理的推論。此外，元代丁巨在《丁巨算法》(1355) 自序稱：「漢建九章之學……由唐及宋，皆有專門。自後時尚浮辭，動言大綱，不計名物。其有通者不過胥吏，士類以科舉故，未暇篤實。獨余幼賤，不伍時流，經籍之餘，事法物，度規則，閒嘗用心。因於算術，上至九章，下至小法……」就是博雅君子的自白，至於致力於「吏術」但閒暇習算的，則有明代嚴恭「幼讀之〔十部算經〕以明其理。長試吏術，其緒餘乃及於數學，而益致其精。」（趙璓序嚴恭《通原算法》，1372）

無論如何，楊輝算書對於我們理解十三世紀中國數學知識活動的多元面向，有了更具體的社會文化想像。這是其他三位算家的著述所未及的現象。

---

[17] 他們兩位是否為史家所稱的「學算」還有待釐清。

[18] 引劉祥光，《宋代日常生活中的卜算與鬼怪》，頁 81。

4.6 宋金元算學的特色

在十三～十四世紀的中國北方與南方，我們看到四位算學家的作品。他們四位或許可能從未見過彼此，但他們的作品顯示當時的算學可能互通有無，朱世傑的「明正負術」之評論，就是最佳見證之一，因為楊輝很可能就是被「糾謬」的對象。天元術顯示了當時算學的高峰，以及這個方法的廣泛流傳，而條段法在南、北方的應用上，都用長方形的拼貼來形成二次方程式。北方的李冶使用了多個方形切割、組合與去除，甚至有代表負數的虛積，而南方的楊輝則使用簡單的面積組合，這些相似與相異之處，也讓我們看見這個古代方法是中國算學的共同遺產。

除此之外，宋金元算學還有哪些特色？科學史家李約瑟的說法值得引述。有關中國古代算學發展，他極為推崇漢、宋兩朝，但明顯地忽視以劉徽及祖沖之為代表的魏晉南北朝。他認為對於宋朝來說，學者、文士、低級官吏以及庶民，都對算學知識的追求充滿了熱情，無論基於實用需求或好奇心，這是中國宋朝（尤其是南宋）數學所以興盛的原因之一。至於其立論依據之個案，則主要是本章所論及的宋金元四大家。誠如前述，李冶是金國進士，曾任知縣，與全真教道觀關係密切，後應忽必烈之邀進入元國史館，但一年後即辭官專門著述，他對於自己的學算心得可以傳世頗有自信。朱世傑是元代遊歷四方算學家，以教算學為生，他的《算學啟蒙》應是課徒教材，可見十三世紀中國士人學算的需求之增加。秦九韶曾擔任南宋地方官吏，他對內算、外算的分野並不在意，或許見證當時不第文人轉業卜算以謀生的歷史現象。楊輝是南宋錢塘地方官吏，但也頗為醉心於數學教學，其目標之一是保存算學正典，他顯然也藉由士人的此種關懷，而獲得出

版算書之贊助。[19]

　　另一方面，數學史家郭書春等也以秦九韶的《數書九章》，來說明社會需求是數學發展之強大動力。事實上，這部重要經典以「大衍、天時、田域、測望、賦役、錢穀、營建、軍旅、市易」進行單元分類，「論述了數學在天文、曆法、雨雪量、田畝面積、目的物的高深廣遠、賦稅、財政、土木工程和建築、軍旅、海內外貿易等方面的應用，幾乎包括數學應用的所有面向。」[20]

　　不過，就中國歷史脈絡的數學知識之「進步」或「成長」來說，宋金元數學的確呈現了如下特色：[21]

- 追求簡捷運算並出現算法歌訣。
- 開展專題研究。「出現以某一課題為研究對象的專門性著作」，而迥異於唐代之前的綜合性著作，譬如李冶的《測圓海鏡》及楊輝的《乘除通變本末》等等。
- 對開方術的研究受到空前重視。秦九韶、李冶及朱世傑都大力促成其方法之完備。
- 出現純數學研究的著作。譬如李冶的《測圓海鏡》，「圍繞著一個圓和十五個勾股形的關係，開展了 170 個問題」。
- 特別重視有關軍事的數學問題。譬如《數書九章》設計頗多的軍旅問題，作者本人曾經從軍。

[19] 參考李約瑟，《中國之科學與文明》中譯本第四冊。
[20] 郭書春主編，《中國科學技術史・數學卷》卷一，頁 343–344。
[21] 郭書春主編，《中國科學技術史・數學卷》卷一，頁 348–351。

- 探討數學與道的關係。譬如秦九韶所謂的「數與道非二本」之論述，等等。
- 完整的數學教學計畫之制定。譬如楊輝的《習算綱目》。

所有這些都足以見證宋金元不愧為中算的輝煌時期，當然，它也是十三世紀（世界）數學史的重要篇章。可惜，儘管有一些中外交流的事蹟，在一些個案上史家的比較史學也做得十分到位，但他們有關十三世紀中算是否對西方主流數學造成影響，卻始終無法清晰釐清與掌握。不過，這是歷史研究的本質問題，值得我們繼續深入探索。

4.7　從籌算到珠算[22]

現存的中國傳統數學文本（亦即在十七世紀西方數學傳入東亞之前所編寫成的數學文本）包含了許多問題，其解法必須使用計算工具，也就是「算籌」（或稱「算子」）與（中國珠算）「算盤」。本節將簡短討論這兩者的歷史與其在中國古典算學文本中留下的圖像。

數學史家馬若安 (Jean-Claude Martzloff, 1943–2018) 曾討論兩種計算工具的歷史。算籌是用木、骨、竹、象牙或鐵所製成的小棒子，在不同時代其截面可能為方形或三角形，而長度約為 8 至 14 公分。中國古代算學經典與官修正史中關於算籌的記載，除了數學，也常會與占卜或曆法計算有關。算籌在中國從漢代至元代的數學發展占有重要的地位，因為許多的數值計算都需要用到它，但在後來的時代不再被

㉒ 本節內容主要取自琅元 (Volkov) 的論文："Visual representations of arithmetic operations performed with counting instruments in Chinese mathematical treatises"，並由英家銘翻譯、節錄與改寫。

使用，而是改用算盤。算盤通常包含許多串算珠，每串算珠都被橫樑分成上下兩組，通常上面有兩顆珠子，每顆代表 5，下面有五顆珠子，每顆代表 1，可進行 10 進位或 16 進位計算。在十進位計算時，籌算與傳統珠算每位數字的某種表示方法有異曲同工之妙：

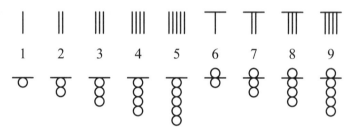

圖 4.8：籌算與珠算對照圖

珠算的計算方法是基於事先記憶的規則，以機械式的方式進行，能進行四則運算，也能開平方根與立方根。然而實際上，不像籌算在過去被用於高等計算，算盤通常只是商人的基本工具。算盤的起源不明，我們確定知道的事情是它一直到十六世紀後半，才在中國被大眾使用。但在十四世紀的時候已經存在於中國，十三世紀之前中國算盤是否存在，仍需要進一步的研究。

讓我們再回到籌算。現存在西元第一個千年所完成的中國算學著作，主要是使用在國子監的算學教材，但其內容只有少部分提及算籌（明確提及的部分有乘除法、開平方與立方，以及解線性聯立方程組），也很少著作提到如何用算籌表示數，加減的作法甚至完全沒有提及。下面兩部著作可以找到一些算籌運算的敘述：

- 《孫子算經》：作者不明，成於西元三世紀末至五世紀初之間。這本書包含（整）數的乘除法規則，而且可以應用於十進位小數的計算。
- 《九章算術》：完成時代不明，可能由西元一世紀的作者基於前人的作品完成。本書包含以籌算開平方、立方以及解線性方程組的敘述。

很可惜的是，現存在西元第一個千年所完成的中國算學著作，都沒有包含算籌或任何其他的圖像在其中。我們不確定是原本的著作中就沒有圖像，或者後代編輯者將之刪除，抑或是圖像與文字是在不同的抄本中流傳，最後圖像的部分失傳。

在西元第二個千年的前半，算學著作與前述第一個千年的著作內容有明顯不同。這些著作可能不是用於算學教學，而且其中包含相對複雜的數學方法（例如多項式代數）。這些著作也提及算籌，少數算題甚至包含圖像，例如秦九韶的《數書九章》(1247)。

時代進入十六世紀，周述學的《神道大編曆宗算會》(1558) 中有包含使用算籌進行乘除法的敘述與圖像。在周述學的年代，籌算已經很少人使用，珠算則大為風行，其證據就是程大位 (1533－1606) 的《算法統宗》(1592)。在周述學的著作中，包含三個系列的籌算圖像，其中兩個敘述乘法，一個敘述除法。下面介紹乘法 (236×342) 的計算與圖像。

		2	3	6
3	4	2		

步驟一：將被乘數（實）236 置於乘數（法）342 的上方，且法左移兩
　　　　位。

6		2	3	6
3	4	2		

步驟二：上段首位 2（標記「頂」）乘以（動詞為「呼」）下段首位 3
　　　　（標記「身」）得 6，置於 3 的上方。

6	8	2	3	6
3	4	2		

步驟三：上段首位 2 乘以下段次位 4（標記「身」）得 8，置於 4 的上
　　　　方。

6	8	4	3	6
3	4	2		

步驟四：上段首位 2 乘以下段末位 2（標記「身」）得 4，乘完之後上
　　　　段首位移除，換成最後的乘積 4。

7	7	4	3	6
	3	4	2	

步驟五：將下段 342 右移一位，此時算籌的縱橫排列方式要對調。接著上段剩下的首位 3（標記「頂」）乘以下段首位 3 得 9，須置於上段原本 8 的位置。因為 8 + 9 = 17，前一位需要進 1，所以，上段前兩位從 68 變成 77。

7	8	6	3	6
	3	4	2	

步驟六：上段 3 乘以下段次位 4 得 12，置於上方，74 + 12 = 86。

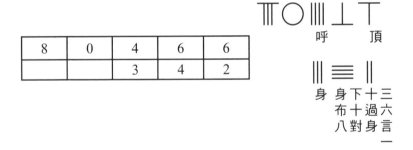

7	8	6	6	6
	3	4	2	

步驟七：上段 3 乘以下段末位 2 得 6，此時已不再需要 3，以 6 取代。

8	0	4	6	6
		3	4	2

步驟八：將下段 342 再右移一位 ，此時算籌的縱橫排列方式又要對
　　　　調。接著上段唯一的被乘數 6 乘以下段首位 3 得 18，加入上
　　　　段 786 得 804。有趣的是，書中的圖像包含了圓圈代表 0，但
　　　　實際的算籌運算時則是保留空位。

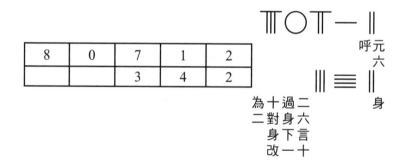

8	0	7	0	6
		3	4	2

步驟九：上段 6 乘以下段次位 4 得 24，加入上段 46 得 70，圖像中再
　　　　度出現圓圈代表 0。

8	0	7	1	2
		3	4	2

步驟十：上段 6 乘以下段末位 2 得 12 ，加入上段後得到最終的結果
　　　　80712。

　　周述學的著作是少數將籌算計算過程，以圖像表示的傳統算學著
作。至於珠算的計算方法與圖像，自十六世紀以降有許多著作都有提
及，其圖像與文字的配合顯示，至少這些著作有關珠算的章節，是為
了教學功能而撰寫。這些著作中，最早出現的是徐心魯的《盤珠算法》
(1573)。

　　《盤珠算法》的內容，已經包含有現代人熟悉的珠算口訣，例如「歸除」（即除法）的相關口訣「二一添作五」、「三一三十一」等等。文本中也包含大量的算盤圖示與說明。例如，有一連串的「第 *K* 上法」(*K*=1, 2, …, 9) 與「第 *L* 退法」(*L*=1, 2, …, 9)，分別代表「加上 123456789 的 *K* 倍」與「1111111101 減去 123456789 的 *L* 倍」的圖像。圖 4.9 為第一上法與第一退法。

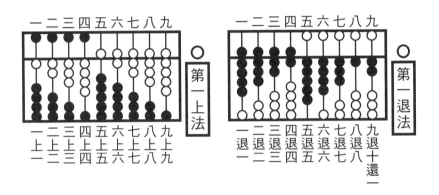

圖 4.9：第一上法與第一退法

　　該書另外還有例題的計算與圖示，書中第一個例題如下：

如有田九百一十四畝八分九厘。每畝收粮二升九合。問該粮若干。

答曰。二十六石五斗三升一合八勺一秒。

以現代符號計算，可知 914.89 × 2.9 = 2653.181。書中的文字有說明計算過程，但圖像就只表示最後的答案，如圖 4.10 所示。

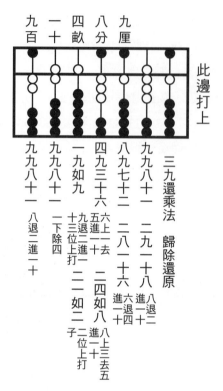

圖 4.10：$914.89 \times 2.9 = 2653.181$

　　從前面的討論可知，在中國主要的計算工具，從算籌轉變為算盤，大約是在十四至十六世紀這段時間。十三世紀的算學著作包含籌算的圖像，但內容可能不是用作教學，十五世紀中葉，吳敬的《九章算法比類大全》雖然有提及珠算的計算方法與口訣，但沒有附圖。十六世紀的算學著作中，關於籌算與珠算的圖像，就可能都有教學的功能，但當時算盤已經成為中國計算工具的主流。

4.8　吳敬、顧應祥、王文素、周述學及程大位

　　本節將介紹明代五位算學家。第一位是吳敬，杭州仁和人，生卒年不詳，他於 1450 年完成《九章算法比類大全》一書，並由時人王均協助刊刻。由該書之序言可知，吳敬在世時以精於算學聞名，數次受聘出任浙江布政使司的幕府，主管戶口、田賦、糧稅、勞役等會計工作，表現傑出，「一時藩臬重臣，皆禮遇而信託之」。吳敬為求精進算學，尋訪民間失傳的《九章算術》，雖未如願，但找到楊輝《詳解九章算法》的抄本，共有 246 問，吳敬除了解釋、改寫、重編這些問題及算法外，還新增 1200 問，總共 1400 多問，數十萬字。

　　《九章算法比類大全》卷首為〈乘除開方起例〉，主要是基本的四則運算、分數運算、開方法的說明與應用，有籌算也有珠算，其中還包含「孕推男女」、「占病法」這兩項不屬於今日數學的應用。第一至九卷則依《九章算術》的章名，每卷卷首先寫出一般性的方法，然後再依「古問」、「比類」、「詩詞」分類。「古問」全引自《詳解九章算法》；「比類」則多關於當時生活的應用問題；「詩詞」則是把算題寫成詩或詞，便於朗誦記憶。第十卷〈各色開方〉則把各式開方做分類整理。雖然吳敬並沒有超越前人的算學成就，但《九章算法比類大全》中「比類」收錄的問題，有許多反映了明代商業興起對數學發展的影響，下一節將再做說明。

　　總之，《九章算法比類大全》在明代流傳甚廣，對數學的傳播與發展有重要的貢獻。接下來要介紹的顧應祥 (1483–1565)、王文素、周述學與程大位 (1533–1606)，就都讀過吳敬的著作。

　　顧應祥，湖州長興人，進士出身。他在掃蕩地方盜賊上頗有功績，累官至刑部尚書，官歷顯赫。顧應祥就如同中國傳統的讀書人一般，

致力科舉、宦途，所以會研究數學並著書，完全是自己的興趣，他「自幼性好數學，然無師傅，每得諸家算書，輒中夜思索至於不寐。」數學著作有《勾股算術》二卷 (1533)、《測圓海鏡分類釋術》十卷 (1550)、《弧矢算術》一卷 (1552)、《測圓算術》四卷 (1553)。其著作當中的《測圓海鏡分類釋術》，因無法理解李冶《測圓海鏡》中的天元術（見第 4.1 節）而盡刪去，因此，他遭受清代如阮元 (1764–1849)、李銳 (1769–1817) 等人的批評，近代數學史家也多以此數落明代數學的落後。顧應祥這位愛好數學的尚書，若地下有知，應該難以瞑目吧！

天元術到了明朝，已是無人能理解的情況，但《測圓海鏡》中關於勾股容圓等等的勾股問題，仍是中國傳統數學中重要的課題。《勾股算術》是第一本以「**勾股**」為書名的專著，顧應祥對勾股的研究分類，透過此書還有程大位 (1533–1606) 的《算法統宗》（轉載了書中的〈勾股論說〉），影響了明清的算學研究。據黃清揚統計，以「勾股」為題名的中算著作，大多數是顧應祥之後的清代著作。在此脈絡下來看，《測圓海鏡分類釋術》的編排，先保留 10 條容圓公式，再按照題目所給的勾、股、弦、和較等條件，由易至難、由簡至繁安排，正符合顧應祥對勾股術的研究，也如其所說的「惟以便下學云爾」。我們可以這麼說，顧應祥的算學研究及著作，承先啟後地揭開不用天元術的勾股術研究熱潮，明末清初的諸多算學著作都可見到顧應祥的影響。另外，《測圓海鏡分類釋術》中針對各種開方法所做的分類，也為後世研究開方法留下寶貴的資產。數學史家郭世榮指出，《測圓海鏡分類釋術》是利用算盤來解高次方程式的第一批算學著作，這是數學史研究的新成果。㉓

本節要介紹的第三位是商人王文素。王文素，生卒年不詳。祖先

來自山西汾州，幼時跟隨父親經商，長大後也曾從商。1521 年完成的算學著作《新集通證古今算學寶鑒》41 卷（以下簡稱《算學寶鑒》），是中國在入清之前最大的一部算學著作。王文素一直沒有將書付梓，而且書成之後的三年間，他館於饒川西城，以訓童蒙。由此推估，王文素經商應該沒有很成功，所以，無力出版他自己的算學巨著。河北武清人杜瑾曾表示願意出資幫王文素出書，只是我們還沒有發現刊刻的版本，現存的還只是手抄本。

　　《算學寶鑒》大部分題目是從其他算書收集而來，其中吳敬的《九章算法比類大全》就是他主要參考的書籍之一。《算學寶鑒》的編排，也和《九章算法比類大全》十分相像，先是基本的數學知識與計算方法，有籌算也有珠算，然後是依《九章算術》的分類，最後則是開方法，書中也有許多以詩詞形式表現的算題及口訣。雖然參考了《九章算法比類大全》，但《算學寶鑒》不僅是整理分類而已，文素對於舊有錯誤的部分，都會指正出來，並透過「通證」、「新證」表達出自己的想法，這些是吳敬《九章算法比類大全》所不及的。數學史家郭書春曾就面積問題比較這兩本書，指出繼承《五曹算經》傳統的《九章算法比類大全》，遠不及繼承《九章算術》、《楊輝算法》傳統的《算學寶鑒》。縱使《算學寶鑒》優於《九章算法比類大全》，但因流傳不廣，在明朝的影響力甚微。不過，王文素商人的身分倒是提供了明代數學發展特色的一個佐證，這留待下一節再說。我們再看另一本特別的著作《神道大編曆宗算會》。

㉓ 參考 Guo Shirong, "Gu Yingxiang's Method of Solving Numerical Equations with Abacus"。

《神道大編曆宗算會》(1558) 十五卷由周述學所作，目前所存的版本皆為抄本，我們無從知道當時是否刊刻。周述學是浙江會稽人，一生布衣，但與當時的諸多達官貴人、名儒賢達多有往來。他曾和在朝為官的唐順之 (1507–1560) 討論曆法，也改良天文儀器，解決欽天監中沙漏計時失準的問題。另外，周述學也曾被總督胡宗憲延攬，征討倭寇。與周述學交往的，還有文人陳元齡與戲曲劇作家湯顯祖 (1550–1616)。周述學身後，首輔徐階 (1503–1583)、名儒焦竑 (1540–1620)、黃宗羲 (1610–1695) 曾為他作傳，給予很高的評價，《明史》也收有〈周述學傳〉。

　　至於《神道大編曆宗算會》一書，內容廣泛，舉凡基本運算、勾股、開方術、圓、球、弧矢、物品數量與價格、利息、稅率、方程、面積、體積、堆垛、金屬鎔合等問題，都有收錄。簡言之，該書特別之處有四，一是書中雖有許多內容引自吳敬的《九章算法比類大全》，但周述學並不依照《九章算術》的名目分類，而是依照算法分類，再將題目由淺至深編入。二是周述學於每卷卷首寫一則提要，除了交代該卷的重要性之外，亦條列出該卷解題所需的術文，使得讀者可以將卷中的題型名目與提要的術文對應起來，由此亦可見周述學在分類與編排上所下工夫。三是勾股與弧矢的內容，受顧應祥《勾股算術》與《弧矢算術》的影響。最後則是《神道大編曆宗算會》採用的是籌算，當時盛行的珠算書中完全沒有提到，原因仍有待深入探索。至於《神道大編曆宗算會》對明代數學的影響，目前所知並不明顯，只有明末清初的梅文鼎 (1633–1721) 曾在著作中提及此書。

　　本節要介紹的最後一位，出自成功的商人世家，他本身也經商得宜，擁有豐厚的資產可以獨立出版算學著作，而且十分暢銷，連賣數十年，子孫還可以靠賣書賺錢，可謂中國數學史上的奇葩。這位人物，

就是徽商程大位 (1533–1606)，字汝思，號賓渠。程大位自幼就喜歡數學，長大經商遊歷各地時，「遇古奇文字及算數諸書，則購而玩之，齊心一志，至忘寢食。」他聞知通曉數學者，也會登門造訪。到了晚年，程大位將其研究成果寫成《直指算法統宗》十七卷（簡稱《算法統宗》），於 1592 年（萬曆二十年）在家鄉屯溪出版，甚為暢銷，坊間還出現盜版；六年後再精簡成《算法纂要》四卷出版。

　　《算法統宗》前兩卷是基本知識，其中詳細介紹算盤及珠算的各式口訣，但沒有籌算內容；卷三到卷十二基本上是依《九章算術》名目分類，只是在卷六〈少廣四章〉與卷八〈商功五章〉之間，安插了一卷專述截積（分割面積）與弧矢；卷十三到卷十六則是羅列各種用詩、歌、詞呈現的難題，仍然是依《九章算術》名目分類；最後一卷則是附上「金蟬脫殼」、「鋪地錦」、「洛書縱橫圖」、「一掌金」、「孕推男女法」等各式雜法，還有從 1084 年（北宋元豐七年）以來刊刻的 51 種算書名。《算法統宗》刊刻數量、版本眾多，流傳甚廣，海外（如韓國與日本）都找得到此書的各種版本，且直至清康熙朝，程家子孫仍在刻印此書販售。雖然書中大多數內容引自其他算書，少有創新，但對於珠算以及數學知識的傳播與推廣，有不可磨滅之功，明末到清，許多學算者都研讀過此書。程大位的《算法統宗》和吳敬的《九章算法比類大全》，是明朝最有影響力的兩本算書。

4.9　明代數學與社會

　　史家余英時指出「棄儒就賈」、「士商合流」是明代社會發展的重要轉變，數學史家洪萬生在〈數學與明代社會：1369–1607〉一文中，分析了算家的社會地位及其知識活動之意義，特別指出：

> 從吳敬初版《九章算法比類大全》的 1450 年，到程大位初版
> 《算法統宗》的 1592 年，……在這大約一百五十年間，明代
> 數學的發展主軸，絕對是數學知識的商業化與世俗化，其中
> 特別伴隨著士、商合流的社會文化運動，堪稱是數學史上「在
> 地數學」(mathematics in context) 的最佳例證之一。至於程大
> 位及其算書的廣受歡迎，則代表商賈階層在士人之外，也加
> 入了算學研究或傳播的行列，這是中算史上的創舉，值得我
> 們分殊處理。

士人與商賈的身分界線模糊，反映在明代數學史中，可徵之於徽商程
大位。程大位在《算法統宗》中的儒士裝扮肖像，用古代儒生、士大
夫的裝束「莪（峨）冠博帶」強調「所學何殊」，在在都顯現了士、商
界線模糊的一面，也佐證了商人階層向士人擴張的結果。至於晉商王
文素，晚年館於饒州西城以訓蒙，表示他在當時已被認可為有知識的
讀書人。

　　商業的發達，造就了商人階層對算學知識的需求，也因此創造了
商人出身的程大位與王文素從事算學著述的空間，促進了算學知識的
發展與流傳。商人對算學知識的渴求，除了反映在《算法統宗》的熱
銷與盜版盛行，徽州商紳汪道昆 (1525–1593) 也稱當時徽州休、歙二
縣中，許多人「右賈左儒，直以九章當六籍」，此語或有誇大之嫌，但
倒也指出了許多人為了從商而學算。

　　另外，隨著明代商業發展與城市的興起，以及出版業的盛行，各
式各樣的出版品也如雨後春筍般出現。明代算書中，除前節介紹的那
幾本外，還有不少關於算盤使用的珠算書籍。另外，出版數量十分巨
大的日用類書（日常生活的百科全書）中，各版本也幾乎都編有「算

法門」，內容以珠算為主，有的還包含十分廣泛的數學知識內容。這些日用類書的作者、編校訂者或出版者，還有寫序作跋者也多有士人身分，而日用類書的主要購買群之一，正是商人階層。因此，明代不僅是商人階層向士人階層擴張，士人也透過書籍的編纂，參與商人階層的數學知識活動。關於明代「士商合流」對數學的發展，仍有許多值得深入追究之處。

　　除了商業或商人對數學發展的影響，傳統的吏員、幕客，仍是明代知算之人生涯的重要舞臺。比方說吳敬、周述學在當時都可稱得上是「炙手可熱」的幕客；另外，本章未提及的柯尚遷 (1500–1582) 著有《數學通軌》(1578) 一書，曾擔任直隸順德府邢臺縣丞，輔佐知縣管理糧馬。想要稱職地做好縣丞的工作，基本的數學知識與技能，想必是不可缺少的素養。此外，顧應祥這位上層士人與高階官員，進而著書欲推廣數學知識，這與之前提到的幾位，倒是相當不同。或許正因為地位的不同，顧應祥研究的主題，就偏向「純粹的」數學研究，少了商業化的氣息。

　　總而言之，明代的社會文化發展，帶動了數學知識傳播與研究的轉變，加上出版業的蓬勃發展，庶民階層可以用低廉的價格購得算書，習得以珠算為主的數學知識。而中國數學在這波商業化、世俗化的過程中，傳統《九章算術》的體制架構仍然主導著數學書籍的編寫。換個角度來說，《九章》雖不在明代流傳，但「九章」卻比任何一個朝代更為貼近庶民。

略論中國傳統數學之興衰

我們先引述李冶對於算學知識的學術地位之觀點。在《測圓海鏡》序文 (1248) 中，李冶對於算學不獲重視頗有微詞：

> 昔半山老人集唐百家詩選，自謂廢力日於此，良可惜！明道先生以上蔡謝君記誦為玩物喪志。夫文史尚矣，猶之為不足貴，況九九賤技能乎？……覽吾之編，察吾苦心，其憫我者當百數，其笑我者當千數。乃若我之所得，則自得焉，寧復為人憫笑計哉？[24]

無怪乎他在臨終前交代兒子李克修：「吾生平著述可盡燔去，獨《測圓海鏡》一書，雖九九小數吾常精思致力焉。後世必有知者，庶可布廣垂永乎？」[25] 這段臨終遺言出自王德淵的〈測圓海鏡後序〉。王德淵父親與李冶「同牓」，兩代交誼甚深，因得以指出：李冶「於六藝百家靡不串貫，文集進數百卷，常謙謙不自伐，惟於此書不忘稱異。」由此可見，李冶非常珍惜《測圓海鏡》、並關心該書是否在身後流傳。可惜，在這個脈絡中，我們看不到他的算學徒弟之相關活動。在《益古演段》自序中，李冶說明此書之源由：「近世有某者，以方圓移補成編，號《益古集》。……余猶恨其悶匿而不盡發，遂再為移補條段，細

---

[24] 引李冶，〈測圓海鏡序〉，郭書春主編，《中國科學技術典籍通彙・數學卷》卷一，頁730。

[25] 引王德淵，〈敬齋先生測圓海鏡後序〉，郭書春主編，《中國科學技術典籍通彙・數學卷》卷一，頁868。

繪圖示，使粗知十、百者便得入室啗其文，顧不快哉！」緊接著前述文字，李冶提及有一訪客追問他為《益古集》進行「演段」之可能。此一訪客身分不明，但有可能是贊助出書者。這種贊助的型態，我們在楊輝身上也看得到。

　　不過，由於官方算學教育的建制的效用總是有時而盡，因此，民間算家的師徒活動對於算學的傳承，就顯得更加不可或缺。在師徒傳承關係上，李冶的處境無獨有偶，朱世傑這位主要以教學為生的「數學名家」，曾「周游湖海二十年餘」、吸引「四方之來學者日眾」。可惜，在即將出版《四元玉鑑》(1303) 時，朱世傑的徒弟輩似乎也都缺席，儘管為他作序的「前進士」莫若提及算學如何吸引學者注意：「方今尊崇算學，科目漸興，先生是書行將大用於世。」[26]事實上，朱世傑的《算學啟蒙》(1299) 通常被認為是他編寫的教學用書，其內容除了傳統中算的主題之外，還納入「立天元一算」，堪稱是新時代的算學教科書。然而，在該書中，卻只有贊助出版的趙元鎮撰序，而無法透露其習算弟子是否參與編輯工作。

　　另一方面，根據《習算綱目》(1274) 的內容來看，楊輝顯然也利用此一教材進行教學，其內容除了未納入天元術之外，其餘主題單元都非常具體與紮實，因此，如果教學實施到位，應該可以訓練出相當有數學能力的人才。可惜，我們無法從現有史料把梳任何相關的蛛絲馬跡，以透露任何有關楊輝的數學教學活動。這種不足也是秦九韶《數書九章》(1247) 留給我們的歷史問題，因為我們從他的自序，也一樣找不到有任何師徒活動的蹤跡。

---

[26] 引莫若，〈《四元玉鑑》前序〉，郭書春主編，《中國科學技術典籍通彙・數學卷》卷一，頁 1205。

現在，我打算運用師徒傳承關係，來嘗試說明中算何以在十四世紀（以《四元玉鑑》問世於 1303 年為準）由盛而衰？當然，最忠實的見證莫過於顧應祥的無從理解天元術，[27]但是， 由於 「數學原無師承」，「立法之故必須指授者，往往未得於心」，[28]因此，師徒傳承關係的斷裂或終止，可能是中算由盛而衰的關鍵因素，下列例證或許可以間接說明。西元 1299 年出版後隨即在中國失傳的《算學啟蒙》，其中至少有十六個算題題目、答案完全相同於明代吳敬的《九章算法比類大全》(1450)，但術文則有出入，不過，這些術文都不涉及天元術。由此可見，與天元術有關的傳承關係，早就不再發揮功能了。至於原因何在，當然還有許多研究尚待深入進行，譬如，最根本的一個問題：宋金元四大家的算學能力究竟如何培養而成？

---

[27] 他發現《測圓海鏡》「每條下細草徑立天元一，反覆合之而無下手之術，使後學之士，茫然無門路可入。」轉引自洪萬生，〈數學與明代社會：1368–1607〉。
[28] 同上。

第 5 章
韓國數學史

5 韓國數學史

現代韓國位處韓半島，半島上的古代文化不斷與位於黃河流域中原的帝國文明及日本列島上的國家進行交流。然而，在二十世紀後半之前，鮮少有學者深入討論韓半島上傳統文化中的數學。自 1970 年代開始，一些學者嘗試收集相關古代文本並加以分析，才讓我們對韓國數學史有一個大致的了解。❶ 在研究的過程中，我們看到中國傳統數學，或稱為「中算」，為韓半島古代文化中的數學帶來豐富的內容，但學者後來也發現，朝鮮王朝在十七世紀後半以降所發展出的本土數學文化，或稱為「東算」，不僅僅是將中算的內容複製貼上，而是一個經過轉化，擁有自身發展軌跡與特色的文化。本章第一節將介紹從古代至十七世紀的韓國數學簡史，接著，我們會介紹十七至十九世紀東算發展的內容與特色。❷

 5.1 韓國數學簡史：從古代到十七世紀

黃河流域的帝國文明，很早就有對東北亞民族的紀錄。在西元五世紀成書的《後漢書》中，包含了〈東夷傳〉，內容記錄西元一至二世

---

❶ 重要的研究出版包含：⑴金容雲、金容局，《韓国数学史》；⑵郭世榮，《中國數學典籍在朝鮮半島的流傳與影響》；⑶川原秀城，《朝鮮数学史：朱子学の展開とその終焉》。以上研究也是本章內容的主要參考。

❷ 本章主要內容取自洪萬生的論文：Horng, "History of Korean mathematics, 1657–1868"，並由英家銘翻譯、節錄、補充與改寫。

紀，從漢帝國的角度看東北亞各個民族的生活方式。〈東夷傳〉中記錄的民族，和韓半島歷史有關，或位於韓半島上的民族，包含有夫餘、高句驪、挹婁、沃沮、濊，以及三個被稱為「韓」的部落聯盟等等。在這些少數的紀錄中，不意外地沒有直接跟算學有關的文字，但有提到「濊」這個位於韓半島北部的民族「曉候星宿，豫知年歲豐約，常用十月祭天」。事實上，在西元三世紀成書的《三國志》中，同樣有「東夷」的紀錄，關於北方民族「夫餘」的文字中也提到他們「以殷正月祭天」。這些記錄都可以看出，在西元前幾個世紀的韓半島，那裡的居民可能已經有自己的天文觀以及簡單的曆法。

從考古證據來看，大約從西元三世紀起，韓半島就出現了幾個古代王國：從松花江流域到半島北部的高句麗、半島西南部的百濟、半島東南部的新羅，以及半島南部的部落聯盟伽耶。這些東北亞古代國家在與黃河流域帝國文明交往的過程中，逐漸學習帝國的官僚文化與律令制度。高句麗的小獸林王在四世紀後半接受佛教的傳入，設立太學推廣漢學，並建立律令制度，其中也包含需要用到算學的土地丈量與稅賦制度。在百濟的部分，歷史記錄還是沒有直接提及算學的文字，但我們知道六世紀初期的武寧王時期，百濟已經設有「五經博士」這個官職，而武寧王的繼任者聖王時代，則有「曆博士」、「醫博士」與「易博士」等技術官僚。百濟在六世紀時使用的曆法，或許跟長江流域南朝的曆法同樣精密。「曆」、「醫」、「易」這些技術性的學問，可能都需要用到計算，知識的來源則是來自長江流域的南朝。

西元七世紀是韓半島風起雲湧的時代。新羅在善德女王 (632–647) 統治下，也接續高句麗與百濟的腳步發展天文曆算。傳統上認為，位於今日韓國慶州的「瞻星臺」，是善德女王在位時所建立，為東亞現存最古老的天文臺。

圖 5.1：位於韓國慶州的瞻星臺

　　科學史家對於古人如何使用瞻星臺進行天文觀測曾有許多討論。早期的研究者，例如和田雄治 (1859–1918)、W. C. Rufus (1876–1946)、李約瑟 (Joseph Needham, 1900–1995) 以及洪以燮 (1914–1974) 都認為瞻星臺就是古代的天文臺。全相運認為這裡可能只有在天象出現異象時，才會在頂端設置儀器（例如圭表）測定星座、節氣等等，其他很多學者也提出各種觀測方式的假說。1970 年代之後，越來越多學者懷疑瞻星臺作為天文臺的功能。著名數學史家金容雲認為瞻星臺無法作為天文觀測之用，因為與新羅同時代的百濟、高句麗以及東亞大陸上，都沒有紀錄類似形狀的天文臺，且其結構很難在當中設置任何儀器。金容雲認為，瞻星臺是新羅天文知識的象徵，代表當時《周髀算經》中的天文知識，主結構的圓形與底座的方形代表「天圓地方」，建物石塊總數 366 代表一年的日數 ，而主結構 28 層的石塊堆疊則代表二十八宿。無論如何，科學史家大致上同意在那裡的確曾進行過某些觀測活動，主要可能是對於天文異象的觀察。❸當時的天文觀測，某種程度代表新羅想要擁有獨自曆法的希望。

七世紀後半，新羅統一韓半島，並繼續從唐帝國輸入律令制度，而且我們終於可以在歷史紀錄上，看到直接與算學相關的文字。十二世紀史家金富軾所主編之《三國史記》(1145)，內容是關於古代韓半島高句麗、百濟與新羅這三個國家的傳說與歷史，其中記載新羅神文王二年 (682)，新羅仿照唐帝國的制度，設立「國學」，實施儒家教育。而後來在儒家教育的其中一環，則加入了算士的養成教育：「差算學博士若助教一人，以《綴經》、《三開》、《九章》、《六章》教授之。」

上述新羅對算士的養成教育中，有四本教科書，其中《綴經》與《九章》被認為是唐帝國國子監算學教材《算經十書》中的《綴術》與《九章算術》。❹至於《三開》與《六章》，僅書名被記載於韓國與日本的史料中，但內容完全失傳。有學者認為，這兩本書有可能是《綴經》與《九章》的初級精簡版，由百濟系的學者或日本的算家編成，但我們無法完全確定。❺

西元十世紀初，高麗取代了新羅成為韓半島上的統一政權。在算學教育方面，高麗王朝同樣在國子監設立算學，其使用的教科書與新羅相比，《綴經》、《三開》、《九章》繼續沿用，而《六章》則被《謝家》取代，而這部《謝家》可能是十一世紀北宋的《謝察微算經》。

高麗在十三世紀中葉之後因為被蒙古侵略而成為其屬國，但這也使得高麗與元帝國有高度的文化交流，蒙古人的習俗、文化與科技大量地影響至少是高麗的上層階級，而高麗受到影響的層面也包含算學。

---

❸ 關於瞻星臺的討論，讀者可參考下列兩篇文章：Nha, "Silla's Cheomseongdae"; Song, "A brief history of the study of the Ch'ŏmsŏng-dae in Kyongju"。

❹ 關於唐帝國的算學教育制度與《算經十書》，請參考本書第 4.9 節。

❺ 持這個看法的，主要是金容雲、金容局，《韓国数学史》。

在宋、 金、 元時期出現的重要中國算學著作， 例如 《楊輝算法》
(1274–1275)、《算學啟蒙》(1299)、《詳明算法》（年代不詳，僅存十四
世紀明初版本），可能都在十四世紀之前傳入韓半島。❻

　　十四世紀中葉，元帝國對於黃河流域以南及韓半島的控制減弱，
高麗得以擺脫元帝國的束縛。1392 年，高麗將領李成桂政變，建立朝
鮮王朝。1394 年，朝鮮定都漢陽（今日的首爾），但直到 1401 年，朝
鮮才正式被明帝國冊封。從十五世紀初到十九世紀末，朝鮮維持「事
大」思想，一直是明帝國與清帝國的藩屬，並定期派遣「燕行使」至
北京朝貢。但在算學發展上面，因為朝鮮特別的社會身分制度而發展
出某些獨有的數學文化。1418 年，朝鮮世宗大王即位，進行一連串的
文化建設。接下來，我們將會從世宗大王的建設，與後來朝鮮形成的
身分制度說起，介紹朝鮮特有的「東算」文化。

 東算與社會：朝鮮中人算學者

　　十五世紀前半世宗大王 (1418–1450) 的時代， 他所治理的國家已
度過王朝建立期的動亂，在這樣的環境下，他開啟了朝鮮王朝初期學
術與文化的黃金時代，出版關於醫藥與農業的專書，間接造成印刷術
的發達。世宗重新設立高麗王朝的「集賢殿」，聘任學者負責研究古
籍，著述編纂包括歷史、儒家經典、禮儀、地理、醫藥等主題的書籍，
同時研究音律。關於算學的發展，世宗的貢獻是對曆法的校正與實測，
及田畝丈量，用來鞏固其統治正當性以及經濟基礎，同時帶動了算學
研究的需求。世宗也進行算學教育制度的變革。朝鮮王朝的科舉考試

---

❻ 關於宋、金、元帝國的算學發展，請參考本書第 4.1–4.6 節。

分為文科、武科與雜科，科舉之外政府機構還可以因應需求，進行技
術官僚的特殊考試。與算學相關的考試是「算學取才」。1430 年，世
宗的政府訂定「算學取才」科目，包含可能在十四世紀傳入韓半島的
《楊輝算法》、《算學啟蒙》、《詳明算法》這三本書，它們後來被稱為
「朝鮮籌算三書」。這三部算書中的數學方法，包含傳統東亞算學的籌
算、**「方程術」**（**線性方程組解法**）、**「天元術」**與**「增乘開方法」**（**高次
方程式的列式與解法**）等等，都因為考試而被保留下來。❼

　　朝鮮王朝有很特殊的身分制度，基層的百姓分為「良民」（從事
農、工、商業的人民）與「賤民」（從事娼妓、屠宰等賤業的人民），
而貴族階級稱為「兩班」，名稱源自高階政治官僚「文武兩班」的說
法，他們通常擁有土地作為經濟來源，並且透過科舉考試中的文科與
武科，成為中階或高階政府官僚。介於兩班和良民之間，有一個古代
社會中少見的技術官僚階級，稱為「中人」。中人這個階級形成的過
程，可能來自兩班階級的庶流（被稱為「庶孽」），占據政府低階技術
官僚的職位。大約在十五世紀後期開始，隱然成為一個獨自的階級，
後來被稱為「中人」。中人出仕的途徑主要是通過雜科考試與各類「取
才」，包含前段所說的「算學取才」。

　　朝鮮算學發展初期繼承高麗與宋、金、元時期以籌算為基礎的數
學方法，經過十五世紀制度的建立，到十六世紀的穩定（或被稱為「停
滯」），朝鮮在十六世紀末，遇到了被稱為「壬辰倭亂」的日本侵略，
與十七世紀初被稱為「丙子胡亂」的後金（清）侵略，整個國家殘破
不堪。這使得知識分子開始尋找重新發展國家農、工、商業與各種技
術的「實學」，不再獨尊來自中國的儒學。在這樣的實學思潮之中，被

---

❼ 關於世宗時代的算學制度與發展，可以參考葉吉海，《李朝世宗時期的朝鮮算學》。

中人階級保存良好的算學，也轉化為經過咀嚼而有朝鮮自身特色的知識，後來就被稱為「**東算**」。[8]

十七世紀朝鮮中人算家可能都有機會接觸到「朝鮮籌算三書」。在同世紀中葉，時任全州府尹的兩班士大夫金始振，從中人算士慶善徵(1616–1690) 得到朝鮮王朝初期的《算學啟蒙》刊本，又從金溝縣令鄭君瀁手上得到《楊輝算法》的抄本，並將它們於 1660 年刊刻出版。當時《算學啟蒙》在清帝國已經失傳，近代學者有機會看到這本書，必須感謝朝鮮算家的保存與刊行。而在十七世紀後半「朝鮮籌算三書」充分流傳，且實學思潮興起的年代，朝鮮算家開始書寫本土的算學著作，慶善徵的《默思集算法》就是最早出現的朝鮮本土算學著作之一。《默思集算法》不但在體例上接近《算學啟蒙》，在內容也加入《楊輝算法》、《詳明算法》，以及明代算家程大位所著《算法統宗》的部分算題。[9]在《默思集算法》算法中，記載了一場類似數學研討會的「相會論話」，內容主要與農地稅收實務有關，參與者多為兩班出身的地方官僚，但總結者可能是中人階級的慶善徵本人。慶善徵提供金始振《算學啟蒙》刊本，又可能主持兩班地方官員的數學討論，可見慶善徵透過他的算學能力贏得兩班的尊敬。

時間進入十八世紀，「東算」這個詞彙最早出現，是在作者不詳的《東算抄》這部手抄數學文本的書名之中。這本書可能是中人算家洪正夏 (1684–1727) 寫作《九一集》的參考。《九一集》的內容受到《算

---

8 相對於自稱「中國」的明帝國與清帝國來說，作為藩屬的朝鮮必須自稱「東國」，因此，在朝鮮的本土醫學被稱為「東醫」，而朝鮮的傳統算學後來被稱為「東算」。

9 關於慶善徵《默思集算法》的內容分析，讀者可參考洪萬生、李建宗，〈從東算術士慶善徵看十七世紀朝鮮一場數學研討會〉。

學啟蒙》很多的影響，但也有朝鮮算學自身的轉化，加上該書在許多問題納入「依圖布算」，為籌算的計算過程留下了珍貴的見證。❿

　　此外，《九一集》也記載了另一段有趣的數學對話。1713 年夏，洪正夏與學生劉壽錫進入賓館，與清帝國五官司曆何國柱及欽差頭等侍衛阿齊圖論算。此段對話，一開始由懂算學的上國大員司曆何國柱開始。司曆問了數個問題，前六題為乘除、開平方與二次方程的應用問題。第七題何國柱向洪、劉二人展示一個工具之後，四人中位階最高的阿齊圖插話道：「司曆之算，為天下第四，而其算法充滿于腹中矣！如君輩不可抗衡。司曆之問既多，而君無一問。盍試其術？」想法單純的中人算士洪正夏，就不客氣地問了一題立體幾何的應用問題，解題過程需要用到三次方程式的求解，結果何國柱回答：「此術甚難，未可猝解，明日吾當解之。」但後來就沒有下文。本題在《九一集》他處有論及，其解法需要用到「天元術」與「增乘開方法」。何國柱顯然是很有風度的人，因為他並沒有因為被問倒而生氣，還繼續和洪正夏論算。到對話的末尾，何國柱說：「算家諸術中，方程正負之法，極為最難，君能知之乎？」但洪正夏的回答是：「方程之術，即中等之法，何難之有？」何聽完洪的回答，除了佩服洪的算學造詣，也驚訝於朝鮮算家對籌算操作的熟稔，因此請求洪正夏說：「中國無此算子，可得而誇中國乎？」這裡所說的「算子」，指的就是算籌。洪正夏聽完，也欣然分享他的算籌讓司曆何國柱帶走。

　　從《默思集算法》與《九一集》的內容，以及上述的對話來看，在十八世紀初的中國算學，已經不包含以籌算為基礎的數學方法，某

---

❿ 關於洪正夏《九一集》的內容，可參考洪萬生，〈十八世紀東算與中算的一段對話：洪正夏 vs. 何國柱〉。

些數學史家認為，這代表朝鮮算學已經成為具有自身特色的算學文化，而不只是中國算學的部分或邊緣。因此，我們可以說，在十七世紀後期至十八世紀初這段時間，「東算」的地位已經被「確立」了。⓫

5.3　東算與哲學：朝鮮儒家明算者

　　朝鮮東算參與者不只是以算學為職業的中人算學者，也有許多視算學為儒士涵養一部分的儒家明算者。在十八世紀的實學思潮下，許多兩班士大夫也開始研究算學 。這其中較為突出的是黃胤錫 (1729–1791)，因為他嘗試把算學和「性理學」（朝鮮王朝的新儒家主流學術思想）結合。黃胤錫的 23 卷大部頭作品《理藪新編》，內容包含性理學、算學、天文、曆法、歷史、地理，以及各類與實學相關的論述。⓬另一方面，裴相說 (1759–1789) 的寫本《書計瑣錄》嘗試要教導基礎的書寫與計算知識。裴相說使用性理學與陰陽的概念來解釋四則運算，這樣的進路是承繼自另一位兩班明算者崔錫鼎 (1645–1715) 所撰寫的《九數略》。⓭事實上，崔錫鼎使用《易經》的語言與哲學，重新建構實用數學與籌算的計算方法，這也可以看出，部分朝鮮王朝的兩班算家，在不需要以算學為業的背景之下，常將算學視為儒者涵養的一部分，而且有將算學與儒家哲學結合的傾向。崔錫鼎對於易數的研究，可能讓他比十八世紀歐洲大數學家歐拉 (Leonhard Euler, 1707–1783)更早討論被稱為 「**歐拉方陣**」 (**Euler's square**) 的 「**正交拉丁方陣**」**(orthogonal Latin squares)**。⓮

⓫ 持這樣看法的主要是川原秀城，《朝鮮数学史：朱子学の展開とその終焉》。

⓬ 請參考周宗奎，《黃胤錫《算學入門》探源》。

⓭ 請參考林肯輝，《《書計瑣錄》之內容分析》。

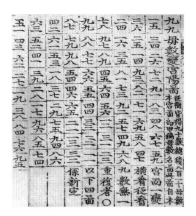

圖 5.2：崔錫鼎《九數略》「九九母數變宮陽圖」，即 9×9 階正交拉丁
　　　 方陣[15]

　　另一方面，在十八世紀中、後期，被視為清帝國算學知識大全，
融合當時清帝國學者所知的東亞古代與歐洲數學知識的《數理精蘊》
(1723)，已然由各種管道傳入朝鮮王朝。相對於中人算家致力於保存
與學習宋、金、元算書中的知識，以面對算學取才，通過文科或武科
的兩班官僚，則有更多機會接觸到來自清帝國最新的科學與數學知識。
與黃胤錫時代相同的徐命膺 (1716–1787) 及實學家洪大容 (1731–
1783)，都接觸過西洋天文學。徐命膺是高階政府官僚，在朝鮮正祖王
在位時，曾任王家圖書館「奎章閣」提學，或許因為如此，他可以接

---

[14] 歐拉在 1776 年的論文討論正交拉丁方陣的性質，而歐拉在論文中造出的最大拉丁方
　　陣為 5×5。然而，崔錫鼎在 1710 年代撰寫的《九數略》，其中已經出現 9×9 的拉
　　丁方陣，而且比歐拉早了超過半個世紀。詳見 Lih, "A remarkable Euler square before
　　Euler"。
[15] 金容雲，《韓國科學技術史資料大系・數學篇》（서울：驪江出版社）卷一，頁 698–
　　699。

觸到許多的朝鮮本土與漢譯西學著作，使得他在性理學與西學方面皆有造詣。這樣的狀況，也可以解釋徐命膺之子徐浩修 (1736–1799) 有機會接觸到《數理精蘊》，而且對其抱持強烈的興趣。徐浩修甚至寫下了《數理精蘊補解》，代表朝鮮兩班算學對於西方算學知識，已經有了獨自的消化與解讀。或許因為徐浩修對《數理精蘊》的深入研究，他嘗試將性理學與「象數」這些形上學的討論與算學研究分開，這表示也是有部分朝鮮兩班算家在接觸西方數學之後，對於將算學融入性理學的取向不感興趣。[16]

　　事實上，洪大容也是另一位希望將算學從性理學分離出來的學者。洪大容曾經隨燕行使至北京，接觸到清帝國當時的文人，以及包含西學在內，清帝國最新的科技與文明。他歸國後的著作《籌解需用》，不但參考了《楊輝算法》、《算學啟蒙》、《詳明算法》、《算法統宗》等宋、元、明傳統算學的著作，也參考了清帝國《數理精蘊》中的西方算學。作為一位實學者，洪大容希望強調算學的實用性及其對於經世濟民的潛在好處。[17]

　　洪大容之後，一位活躍於十九世紀初的學者洪吉周 (1786–1841) 十分仔細地研讀了《數理精蘊》。洪吉周的外祖父徐迥修 (1725–1799) 是徐浩修的遠房堂兄。當時徐浩修的家族大邱徐氏以研究科學與數學而聞名。這或許也可以解釋洪吉周的母親徐氏在算學上的造詣，她熟讀《算學啟蒙》，甚至自己發展出新的算法，對洪吉周來說，他的母親

---

[16] 關於《數理精蘊補解》，可參考 Oh, "*Suri chŏngon pohae*（數理精蘊補解）: An 18th Century Korean Supplement to *Shuli jingyun*（數理精蘊）"。

[17] 洪大容的算學研究與思想，請參考洪宜亭，《從《籌解需用》看洪大容的數學與實學思想》。

是他算學的啟蒙者。洪吉周本身的家族也十分顯赫，他的祖父曾任領
議政（朝鮮朝廷中類似首相的角色），而他的父親與兄長也歷任顯職。
優渥的家庭環境讓洪吉周有餘裕能夠盡情地研究儒學、文學與數學。
他在家中的藏書包含從清帝國傳來李之藻與利瑪竇合編之 《同文算
指》、徐光啟與利瑪竇合譯之《幾何原本》、《數理精蘊》、梅文鼎的《曆
算全書》，以及《曆象考成》等等與西洋曆算有關的書籍。在洪吉周自
己的算學著作《幾何新說》與《弧角演例》中，可以同時看到東亞傳
統算學與西方數學的特徵，例如從《幾何原本》、《數理精蘊》與《曆
象考成》介紹的平面與球面幾何。事實上，洪吉周的《弧角演例》是
第一部討論球面三角的東算著作。另外，洪吉周的著作中也出現中國
算學著作中沒有使用過的開方法等算則，使得《幾何新說》代表東算
中算籌演算的創新。相對於洪大容而言，洪吉周更具有創新性，也代
表十八世紀末至十九世紀初的東算發展氛圍。❸

　　東算從十七至十八世紀的確立，到十九世紀初的創新，過程中有
許多兩班與中人算家的努力。兩班與中人算家在東算發展的前兩個世
紀中，交流的狀況並不明顯，但到了十九世紀中葉，一個明顯跨越階
級的算學圈出現，在下一節我們將介紹這個「南秉吉學圈」。

5.4　十九世紀的東算：南秉吉學圈

　　活躍於十九世紀中葉的「南秉吉學圈」，核心人物是出身兩班階級
的南秉哲 (1817–1863)、南秉吉 (1820–1869) 兄弟與出身中人階級的李

---

❸ 關於洪吉周的生平與算學研究，讀者可參考 Jun, "Mathematics in context: A case study in early nineteenth-century Korea"。

尚爀 (1810–1883) 等三人，另外出身兩班階級的趙羲純（生卒年不詳）
也與這個學圈有交往。趙羲純的《算學拾遺》是繼《弧角演例》之後，
東算第二本討論球面三角的著作，但其內容主要參考《數理精蘊》與
《曆象考成》，並且使用對數來簡化球面三角問題的解答，這是重要的
創新。另外，《算學拾遺》也參考了《算學正義》一書，並且請作者南
秉吉為這本書寫序。

　　我們之所以把上面這幾位算家用「學圈」來形容，因為他們會互
相討論、參考、引用彼此的著作，而且為彼此著作寫序或校正，以下
的表 5.1 是他們的著作與互相合作的情形。

表 5.1：南秉吉學圈著作算書及合作情形

算學著作	成書年代	作者	序言	校正
《借根方蒙求》	1854	李尚爀	李尚爀	
《緝古演段》	1854/55	南秉吉	南秉吉	
《算術管見》	1855	李尚爀	南秉吉	
《無異解》	1855	南秉吉	南秉吉	
《玉鑑細艸詳解》	1855	南秉吉		
《測量圖解》	1858	南秉吉	李尚爀	
《海鏡細草解》	1861	南秉哲	南秉吉	
《九章術解》	1864	南秉吉	南秉吉	
《勾股述要圖解》	1865	南秉吉	南秉吉	
《算學正義》	1867	南秉吉	南秉吉	李尚爀
《翼算》	1868	李尚爀	南秉吉	
《算學拾遺》	1869	趙羲純	南秉吉	

我們從表中可以看出，這個學圈中最多產的學者是南秉吉，所以，我

們將這個學圈稱為「南秉吉學圈」。這個跨越階級的學圈，其中一個關心的問題，是「天元術」與「借根方」的異同。

本書在第 4 章曾經簡短介紹過「天元術」，這是源於宋、金、元時期的東亞傳統代數方法，但在明帝國的年代失傳。「借根方」是在清帝國初年由耶穌會傳教士介紹至東亞的代數方法。康熙帝是對西方科學有熱情的皇帝，他向傳教士學習歐氏幾何與代數，傳教士安多 (Antoine Thomas, 1644–1709) 所著《借根方算法》是第一部介紹到中國的歐洲代數之作，康熙帝本人也學習了借根方算法。[19]借根方後來透過《數理精蘊》傳播，使得清帝國與朝鮮大多數的算家都知道這個方法。

十八至十九世紀清帝國的乾嘉學派重新考證出許多本來已經失傳的傳統算學著作，這使得本土的「天元術」與西洋的「借根方」之間的異同或優劣，成為清帝國算家們爭論的議題之一。

在朝鮮，李尚爀曾經寫下《借根方蒙求》一書，完整消化借根方算法，但對天元術與借根方兩者討論最多的是南秉吉。南秉吉在 1850 年代寫下研究天元術與四元術的《玉鑑細艸詳解》，另外他還寫下《緝古演段》、《無異解》等研究天元術的文本，流傳後世。他在晚年寫下《九章術解》(1864) 與《算學正義》，也論及天元術。南秉吉在早期認為這兩種代數方法「無異」，因此寫下《無異解》。不過到後期，南秉吉與學圈中其他學者，藉由算理的推論而非意識型態的左右，態度從前期的「天元術等同借根方」與「以借根方解天元術」，轉變為後期的「天元術優於借根方」，主要的原因是「多元」，也就是天元術可以擴充至超過一個未知數的多項式操作，但借根方不行。另外，由於在明

---

[19] 韓琦，〈康熙時代的數學教育及其社會背景〉。

帝國與清帝國，天元術曾經失傳很長一段時間，但在朝鮮，基於籌算的天元術被持續的使用，所以，南秉吉學圈也將天元術視為帶有朝鮮傳統算學印記的方法。❷

圖 5.3：南秉吉《算學正義》中的〈多元〉❷

5.5　朝鮮東算總結

　　韓半島上的古代國家，早期嘗試輸入黃河與長江流域帝國文明的哲學與技術，到七世紀統一韓半島的新羅，則全力學習唐帝國的律令制度，建立國學與算學科舉考試，使得數學在韓半島逐漸成為政府治理不可或缺的一環。接續新羅的高麗王朝與後來的朝鮮王朝，原則上都是透過考試的方式選拔算學人才。

---

❷ Ying, "Mathematical canons in practice: The case of nineteenth-century Korean scholar Nam Pyŏng-Gil and his evaluation of two major algebraic methods used in East Asia"

❷ 金容雲，《韓國科學技術史資料大系・數學篇》卷七，頁 467–468。

　　朝鮮在東亞地區是自然資源較為缺乏的地域，且在歷史上常受到黃河流域帝國的壓迫或日本的侵略。在這樣的環境之下，朝鮮的整體文化與教育資源，被限制在兩班貴族與中人階級。朝鮮王朝初期的「算學取才」，某種程度讓朝鮮從高麗繼承的算學內容保持穩定，直到十八世紀。當時朝鮮的中人算家開始著作屬於朝鮮自身的算學著作。中人算家需要通過「算學取才」方能成為政府的技術官僚，所以，他們會用心地研讀考試的科目，也就是來自宋、元時期的算書。也由於這樣的文化，使得在明帝國與清帝國初年失傳的籌算，以及相關東亞傳統數學方法，在朝鮮得以保留。從慶善徵與洪正夏的算學著作來看，除了保存傳統算學知識，也反映考試文化與政府治理的需要，加上朝鮮當時保存在清帝國失傳的天元術，所以，歷史學者多認為在十八世紀初，朝鮮「東算」已經成為一種具有自我特色的數學文化。

　　在歷史上留名的東算家僅限於兩班與中人階級。兩班與中人算家通常有政府的官職，他們研讀來自古代東亞的算學經典，再將自己的反思或研究結果集結成書。與中人算家不同的是，兩班算家無須靠算學維生，所以，部分兩班算家會將算學與儒家性理學結合，而且強調算學是儒家治國的工具。崔錫鼎可能是在這樣的脈絡之下，發展出與「正交拉丁方陣」有關的想法。但當時也有如徐浩修與洪大容這樣的算家，在努力消化漢譯西學著作之後，希望將性理學與算學研究分開。而實學者也會強調算學的可應用之處。

　　東算發展至十九世紀，在籌算上有洪吉周的創新，而且還出現了跨越階級的南秉吉學圈，他們努力討論當時最新的西方算學相關議題，包含球面三角學，以及天元術與借根方的關係等等。南秉吉學圈最終將天元術視為朝鮮東算特殊的印記。

　　整體而言，朝鮮東算的文化發展有以下幾個原因：資源的缺乏使

得知識的傳遞，被限制於兩班貴族與中人技術官僚階級之中，事大慕華思想使中國古代的算學經典受到重視，另外，算學取才的考試制度讓知識的內涵變得穩定不易失傳。以上這些原因讓東算具有強烈的官學性格，在算學內容發展上偏向應用，反映出考試文化與政府「治理」的需要，體現數學的外在價值。但在這樣的氛圍中，也有部分學者純粹就算學討論算學，比較不同數學方法的異同與優劣，在十九世紀奠定朝鮮知識分子的算學基礎，讓後來的韓國學者在二十世紀也參與東亞算學的現代化近程。

第 6 章
日本數學史：和算的獨特文化

6 日本數學史：和算的獨特文化

6.1 日本數學簡史

在江戶時代，日本發展出具有「藝道化」特色的本土算學——**和算 (*wasan*)**，而從事這些數學知識活動的武士 （或浪人），稱為和算家。早在十七世紀中期，日本一些重要的和算家各自建立數學流派。當時的數學知識，主要是透過各個流派的掌門人或具代表性的數學家，以祕傳的方式傳授給投入門下學算的徒弟。其中，又以「算聖」關孝和所建立的數學流派——關流——人數最多、影響最深遠且最具有聲望。從十七世紀中後期開始祕傳的關流數學知識，一直到了十八世紀中期方才公開於世。以下，簡單介紹江戶時期的日本數學簡史。

西元 1603 年，德川家康被任命為征夷大將軍，在江戶開設幕府，江戶時期於焉開始。毛利重能於 1622 年出版《割算書》，內容包括珠算知識及錢糧、粟布、借貸、買賣、檢地、工程、人夫、測量等實用問題。如圖 6.1，位於日本西宮市甲子園口站附近的熊野神社，又稱算學神社，神社之中立有毛利重能的紀念碑，如圖 6.2。1627 年，吉田光由 (Mitsuyoshi Yoshida, 1598–1672) 以中算書《算法統宗》為藍本，出版實用算書《塵劫記》，此書內容包含役人所需的數學知識，如珠算、換算、代貸利息等商業計算，以及有關土木建築、面積、體積之計算等，因此廣為流傳、深受商人、職人與武士的喜愛。《塵劫記》也成為當時流傳最廣且影響深遠的數學教科書。在此時期，受社會對於「算用」之需求與私塾教學的普及，「算學」得以深入庶民及武士階層。

圖 6.1：算學神社

圖 6.2：毛利重能紀念碑

　　西元 1641 年，遺題版《塵劫記》問世，書末提出問題並向讀者徵解，引發了和算家遺題繼承的風氣，成為江戶時期重要的和算文化與數學知識活動，也因此發展出各種新問題與數學新知。此外，《算俎》一書雖然主要內容為換算、交易、實用幾何問題，以及面積與體積之計算，但該書中割圓至 32768 邊求圓周率近似值，並提出求球體積近似值的方法，顯示當時和算的發展是從實用數學至純數學問題的一種過渡。由於算用的需求與算術、解題的追求，也吸引更多算學人才投入。在社會動因以及數學問題內在難度的驅使之下，和算家開始學習、消納中算天元術，並研究新的方法：包含設立方程、消元與解複雜方程等，❶用以解決各類難題。

---

❶ 代數式幾何問題是當時和算家甚感興趣的問題類型。相關問題除了與幾何圖形有關外，問題的條件往往非常複雜，解題過程中，需依據題意輔以相關性質設立多元高次方程組，再經代數運算、消元、化簡最終得一元高次方程式，最後由開方翻法求得數值解。以關孝和於《發微算法》書中所解問題所得之最高次方程式為 1458 次，又單一問題所設代數符號最多達 20 個，可見其在代數運算上的複雜性。

關孝和（Seki Takakazu，約 1642–1708）為解各種數學難題，發展出「傍書法」符號與筆算代數系統，加以書中使用的列方程式與解方程式的方法，標誌著和算家脫離中算天元術的限制，走向獨立發展。從此至十八世紀初期，包含關孝和所作，以抄本形式在關流內流傳的《三部抄》與《七部書》，加上其死後，由弟子們編彙、刊刻出版的《括要算法》，奠定了和算知識與問題的基本架構。其中，《三部抄》指的是《解見題之法》、《見隱題之法》與《解伏題之法》三本書，依據問題所需設立未知數個數作分類，內容包含面積體積公式、一元高次方程式之求解與多元方程組之消去求解等。《括要算法》一書則分成四卷，分別處理了招差垜積、諸約之術、角術、圓理四類問題。再就制度化面向來看，關流免許制也開始出現雛形。

師承關孝和的建部賢弘 (Takebe Katahiro, 1664–1739)，在算學研究上展現出承先啟後的角色。他與關孝和、建部賢明合編《大成算經》，集當時和算研究之大成。並於 1722 年著《綴術算經》獻給德川吉宗將軍。在該書中，他提出數學研究方法論，將數學知識分成「法、術、數」三類，利用據數探與據理探兩種方式進行研究。建部賢弘也發展出累遍增約術，求得更精確的圓周率近似值，準確至小數點後第 40 位。另外，書中利用「綴術」求得弧長之冪級數展開式，也成為和算家解題的新利器，為十八世紀關流和算家在圓、弧、矢、弦、距面弦、角術等圓理問題研究上，開啟嶄新的方向，成為往後圓理研究的重心，發展出豐富的圓理研究成果。同一時期，宅間流的數家對於求圓周率、求弧長之冪級數展開式，也有許多重要貢獻。

十八世紀中期，松永良弼 (Matsunaga Yoshisuke, 1692–1744) 與久留島義太 (Kurushima Yoshihiro, 1690–1757)、中根元圭 (Nakane Genkei, 1662–1733) 以及山路主住 (Yamaji Nushisumi, 1704–1773) 等

關流和算家，成為此時期的主要焦點。其中，松永良弼在《方圓算經》與《方圓雜算》等書中，處理了圓周率、弧、矢、弦，以及距面弦等問題，將上述幾何量表示成冪級數展開式，並求得了更精確的圓周率近似值。他也在《算法綴術草》一書提出了開方綴術，推廣了二項式定理。久留島義太的數學才華，則展現在求弧長、魔方陣、平方零約術、極值問題等方面。此外，中根元圭與山路主住在天文、曆算方面也多有研究。

在此時期，松永良弼和山路主住接續整理了關流重要傳書，透過流派內部對數學著作與知識進行整理與選擇，完成了關流五段免許制。實現和算流派的制度化，規範且確定了和算知識的基本體系與架構，顯現算學成為專門之學，並負載了知識保存與傳承的目的。

西元 1767 年，具有藩主的身分的和算家有馬賴徸 (Arima Yoriyuki, 1714–1783) 刊刻《拾璣算法》，公開了關流密傳的知識內容，並在其藩內大力推動算學教育，且聘任關流數學名家藤田貞資 (Fujita Sadasuke, 1734–1807) 作為藩內算學師範。1781 年，藤田貞資的《精要算法》問世，成為當時重要的數學教科書，並廣收門人，自此和算走向普及之路。由於社會經濟變遷，此時期豪農階層漸成為了江戶時代的經濟或文化的核心，因此，和算家的身分也從武士轉向地方庶民階層，帶動起由下而上的習算風潮，而促進和算教育之普及。

從十八世紀末開始，算額奉納風氣也逐漸走向高峰，多本算額集隨之刊刻。關流的安島直圓在《不朽算法》一書，展現了創造問題與解題的才華，他還發明了對數表與綴術括法，可用於開方與數值計算。同時，他利用截斷術（截徑法）與多次綴術，解決了弧長與穿去積等圓理問題，為往後算題研究開啟新方法與新道路。另一方面，會田安明 (Aida Yasuaki, 1747–1817) 創立了另一個重要的和算流派——最上

流。他於 1785 年出版《改精算法》，引發關流與最上流之間長達 20 年的數學論戰，體現了和算流派間的數學競技與交流，也展現和算家對於數學知識價值的重要判準。會田安明一生著述豐富，數學書籍共達一千餘卷，現有六百餘卷傳世，是江戶時期最多產的和算家之一。

論戰結束後「現身的」和田寧 (Wata Yasushi, 1787–1840) 是十九世紀初期最重要的和算家，他發明了「圓理豁術」並創制「諸類圓理表」，這些「表」呈現許多數學性質，作為解題之利器，利用圓理豁術（積分法）並搭配這些表，一般性地解決了橢圓周長、各類穿去積與求交周等圓理難題。又如內田五觀 (Uchida Itsumi, 1805–1882) 有關圓理豁術的諸多著作 ，或小出兼政 (Koide Kanemasa, 1797–1865) 透過《圓理算經》整理和田寧生前所授之書，包含諸類圓理表以及利用圓理豁術求解圓理難題，在在反映出十九世紀和算發展的高峰，也體現了和田寧的算學成就。

此外，算學道場之林立為此時期的特色，諸如內田五觀、長谷川寬 (Hasegawa Hiroshi, 1782–1838)、 千葉胤秀 (Chiba Tanehide, 1775–1849) 父子皆曾開設算學私塾或算學道場，廣收門徒。其中，千葉胤秀出版的《算法新書》提供一般庶民有系統地學習算學知識的機會，對於庶民階層主導和算文化大有助益。總結來看，十八世紀中葉至幕府末期這一百年間，是和算的普及時期，當時學習與研究和算者，不再像前期那樣主要是武士階級。除武士外，還有一般的町人、農民等各階層的人。此時期和算傳播的地域也非常廣，各地之習算者以及算額奉納所至之處，近乎遍布全日本，和算可說達到了前所未有的普及。到了十九世紀中期，日本的識字率與基礎數學教育的普及率，加上和算知識涉及了解方程式（符號代數）、圓理（幾何）、圓理豁術（積分法）等概念，這也為十九世紀末期日本數學全面西化奠下良好基礎。

　　西元 1853 年，日本被迫開國後，漢譯西方著作的傳入以及開始大量學習西方科學與數學新知，是促進幕末日本數學發展，以及從傳統和算轉向現代數學背後最重要的因素。1867 年，日本幕府大政奉還，1868 年，展開明治維新全面西化，並於 1872 年頒布新制學令，規定各類學校教育中採用洋算，不得再教授和算。而後 1877 年 10 月，東京數學會社正式成立，並於同年 11 月刊行（現代化數學期刊）《東京數學會社雜誌》。隨著現代化的數學學會與期刊的設立，日本傳統數學──和算──正式走入歷史。1877 年，東京大學成立後，負責創辦大學的文省部仿照歐洲，於 1879 年正式成立東京學士院，至此日本數學教育制度的現代化與制度化基礎已經完備。

6.2　和算流派及其活動

　　和算發展的過程中，除了展現流派林立與「免許制」的特色外，並發展出遺題繼承與算額奉納等在地化的數學知識活動。而流派的形成以及流派之間的競技與論戰，也反映了在地化的數學知識活動特色，同時推動著算學的發展。

　　此外，與和算流派發展息息相關的「算學道場」之設立與普及，無疑是十九世紀和算發展的重要推手。在下文中，我們將簡要介紹與說明。

6.2.1　和算流派與免許制

　　江戶時期和算發展的過程中形成了許多流派，其知識的傳承主要採師徒制的方式，代代相傳。掌管流派者被稱為「家元」或「宗統」，各和算流派的宗統對弟子和門人傳授數學知識，並發放「免許狀」，證

明所屬的門派與所達到的算學能力。而這種家元－免許制度於日本江戶初期成形，並為各種藝道普遍採納。

以和算最大的流派關流為例，制定免許狀與整理傳書的數學家主要為「掌門人」。早期關孝和建立的免許制僅包含「算法許狀」與「算法印可」兩種等級。而後，松永良弼與山路主住進一步整理關流傳書，進行等級段位劃分，進而擴充至「見題免許」、「隱題免許」、「伏題免許」、「別傳免許」與「算法印可」共五等級。

松永良弼四段免許制乃至山路主住五段免許制的制定，一方面代表至十八世紀中期，關流內部數學知識已得到初步的整理與完善，同時，也表示江戶時期數學這門學問以及當時數學教育制度化的底定。習算者依據各流派所制定的規範與制度，循序漸進地學習數學知識，並依據所學與所達到的數學程度，獲授不同階段的免許狀。如此，在各流派裡的算學學習具制度性的規範，且算學本身成為一種具專業性的學門與知識。當時，獲頒高級免許狀的和算家，也代表成為了精熟算學的專業人才，因而有機會受聘任職教授數學或與數學相關的工作，或者受任會計、工程、天文、曆法或製定全國地圖等與算學相關的工作。

江戶時期和算知識與文化的保存、整理與流傳，並非經官方機構或依循官學的方式來發展與推廣，主要是由武士與庶民階層發起，是一種由下而上的文化活動。和算的學習內容以及知識的決定權，並非在官方，同時，和算學習制度的建立，亦非官方，主要都是各流派內的掌門人以及重要數學家所決定。所有這些都充分展現了和算家專業自主的特色，也反映出和算流派在江戶時期數學發展的重要意義與推動力量。

6.2.2　遺題繼承

　　吉田光由於 1627 年所著的《塵劫記》，為當時流傳最廣、且版本最多的和算書。其中，1641 年版的《新編塵劫記》書末，記載了 12 道數學問題但未給予解法，向當時習算者徵解。因此，引發和算家之間的遺題繼承風氣，他們著書解答前人所遺留的問題之餘，會再於書末繼續提出新問題徵解。如同《算法至源記》所提到：「解前人之難法而致疑問於後人」，在此文化風潮下，和算家必須發展新的工具與方法，以用於解決各類難題，因而推動和算之發展。

　　例如，1674 年關孝和所刊刻的《發微算法》一書，為解決澤口一之《古今算法記》所設立的 15 道遺題。利用中算天元術並結合自創的符號系統「傍書法」，並且熟練地執行變數代換、符號操作以及消元等代數運算，最終由問題條件與圖形相關性質導出一元高次方程式，進而開方求得數值解。特別地，書中第 13 問的術文所用到的符號多達 20 個，且最終可導出 72 次多項方程式，而第 14 問最終所得的多項方程式更高達 1458 次。由此可見關孝和在解方程式的造詣，以及遺題繼承所推動的數學發展。

　　又例如 1672 年，池田昌意著《數學乘除往來》，並在下卷提出以勾股弦問題為主的 49 個遺題。到了 1680 年，田中由真的門人佐治一平著《算法入門》，在上卷回答了前述 49 個問題，並於下卷對關孝和的《發微算法》提出異議，認為該書多有錯訛，並對其進行訂正。於是，這引發關流建部賢弘著《研幾算法》(1683)，批判《算法入門》這 49 個問題的解術「或牽強而失正，或乖戾而錯真，多以無稽之妄術也」。接著，建部賢弘針對《數學乘除往來》的 49 個遺題重新提出解術，並評論了《算法入門》認為《發微算法》有誤之處，這一系列遺題繼承也頗有不同流派和算家之間的數學競技之意。❷

另一個較為龐大的遺題體系，始於中村政榮的《算法天元樵談集》(1702) 九問。當中涉及的數學內容更加廣泛，除了垛術、角術、整數術、翦管術、招差術、容術、極數術等諸多問題。這一體系相關著作頗豐，是 1715–1764 年間頗具代表性的和算著作。其中，關流和算家中根彥循著《竿頭算法》(1738) 求解青山利永《中學算法》(1719) 之遺題，而後引發池部清真出版《開承算法》(1743) 以及山本格安出版《算髓》(1746)，來回答中根彥循所提出的遺題。❷

　　這樣的文化風潮，使得江戶時期和算共發展出吉田光由《新編塵劫記》(1642)、池田昌意《數學乘除往來》(1672)、村瀨義益《算法勿憚改》(1681) 以及中村政榮《算法天元樵談集》(1702) 等四大遺題繼承體系，促進了這一百多年間的數學交流，以及為求解難題、設計新難題而對數學的研究。

6.2.3 **算額奉納**

　　江戶時期，原是奉獻繪馬於寺廟的文化，逐漸演變成算學家們奉獻算學研究成果的算額奉納文化——當時的日本寺廟及神社兼有教化的功能，學習與研究和算的人，為了能夠順利進行數學研究，並希望自己數學能力不斷提高而向神佛祈願，便將自己設計的算題與圖形畫在匾額上，向神社佛閣奉納，供有心人士演練。

　　一方面因解出數學問題而感謝神佛恩賜，同時也為了展現自己的研究成果，而將自己設計創造的算題、圖形、答術公諸於世。每一塊算額含有若干個數學問題，算額的上方通常是彩色的幾何圖形，下方則是題目、答案及解法，左方的則是流派、教師、展示者的名稱及奉

---

❷ 參考自烏雲其其格 (2009)《和算發展的藝道化模式》。

獻的日期，如圖 6.3 與圖 6.4 所示。

圖 6.3：關流門人算額　　　圖 6.4：最上流門人奉納之算額

　　除了透過著書的方式留下研究成果之外，越來越多的和算家會將自己的算學研究成果——包含自己設計的問題、答術以及相關圖形——透過算額的方式「發表」在神社佛閣或寺廟之中，或者在算額上留下問題，向其他習算者徵求解答。除了供奉自己解決問題的「答術」之外，和算家也以改進舊有算額上的不佳答術，作為算學研究目的。如此，藉由算額進行數學競技與交流，亦形成江戶時期日本數學發展上饒富趣味的篇章。換言之，算額奉納成為著書之外的另一種重要發表方式與宣傳媒介，帶動不同流派和算家之間進行算學競技的風氣，形成一種獨特的知識傳播與交流方式。算額奉納的風氣，隨著和算的普及化與深入民間漸盛，並於十九世紀達到高峰，到了明治維新時代則因日本教育體系西化而式微。但時至今日，仍有算額奉納相關的數學活動。

　　另一方面，隨著藤田貞資著《精要算法》，推動關流的能見度與和算的普及化，使得拜入門下的習算者眾多。這些門人在各地寺廟奉納

算額，展示學習數學與研究算題的成果。到了十八世紀後期，當時關流頗具名望的藤田貞資，偕其子藤田嘉信於 1789 年編著了「算額問題集」——《神壁算法》，書名中的「神」指的是算額奉納之所與神社寺廟有關，而「壁」則意味著這些算額是懸於神社寺廟「牆壁」上。

而後，藤田父子陸續輯錄的《神壁算法》、《增刻神壁算法》與《續神壁算法》等書，整理並收錄關流弟子奉納於各地寺廟中的算額問題與答術，集結成冊出版刊行。使得有興趣的習算者省去舟車之勞，得以瀏覽關流眾算家的研究成果，強化了算額作為當時數學家發表研究成果與交流的重要管道。此外，關流和算家千葉胤秀於 1820 年編著《邦內神壁算法》一書，收錄 29 個算額問題。而他在 1830 年出版的教科書《算法新書》，則在書末的〈雜題解義〉裡收錄弟子們所奉納的算額五十條。其中，藤田父子、千葉胤秀等知名和算家無疑作為知識審查者、仲裁者的角色。

6.2.4 流派競技與數學論戰

十八世紀末期，和算家之間發生一場數學論戰。起初會田安明進入江戶之後，原本想投入關流藤田貞資的門下學習和算。但他與關流數學家見面後的一場「交流」裡，藤田貞資認為會田早年奉納的算額有誤，因而擦出了「不愉快」的火花。因此，會田安明潛心研讀藤田貞資著作的《精要算法》，發現該書一些缺失。他於 1785 年著作《改精算法》，批判《精要算法》中設計不佳的布題 (problem posing)，以及有待精進的解答，並進一步提供新的解法與評論。自此，雙方拉開了這場數學論戰的序幕，關流的藤田貞資與神谷定令，便輪流著書回應會田安明對關流的批評，而會田安明也不甘示弱，同樣著書回應。於是，會田安明與關流和算家你來我往，不斷地著書抨擊、評論對方

算書中不佳的問題及其解法，回應對方的評論，並闡述各自有關算學的見解。

《改精算法》出版後，關流的神谷定令首先發難，他先後於 1786 與 1787 年依序著作《改精算法正論》與《非改精算法》，回應會田安明的挑戰。接著，會田安明於 1787 年著作《改精算法改正論》，衝著神谷定令的《改精算法正論》而來。然後，藤田貞資親上火線，著述《非改正論》，反駁會田安明的《改精算法改正論》。從這些著作的書名，我們可以看出雙方不斷你來我往、十足針鋒相對的態勢。

西元 1788 年，會田安明再著述《解惑算法》，回應前述的《非改精算法》，並且重新評論、釐清最上流與關流間的數學論戰內容。兩年後，神谷定令著述《解惑辯誤》、藤田貞資著述《非解惑算法》，顯然都是針對會田安明《解惑算法》而來。當然，會田安明也再著述《解惑非辯誤》回應關流數學家的批評。

西元 1799 年，神谷定令再著作《撥亂算法》企圖為這場論戰「撥亂反正」，該書中神谷定令先用漢字抄錄了會田安明的論點，再以日文提出自己的評論與反駁（如圖 6.5）。接著，會田安明於 1801 年著《算法非撥亂》，以其人之道還治其人之身，同樣先列舉神谷定令書中的論述與文字，再貼上自己的評論與反駁（如圖 6.6）。同一年，會田安明再著《再訂精要算法起源》一書，不僅逐題條列地將《精要算法》批評得體無完膚，並在論戰過程中，舉出許多例子作為評論藤田貞資「不達算」的證據。

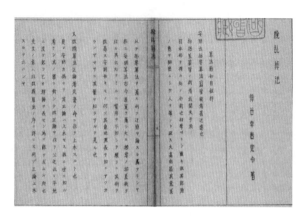

圖 6.5：神谷定令《撥亂算法》書影

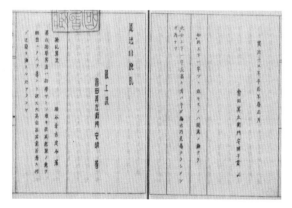

圖 6.6：會田安明《算法非撥亂》書影

　　另外，會田安明也回頭檢視過去關流歷代和算家的重要著作，並
針對這些著作中提出的問題與答案，重新解題並提出評論與改進的建
議，彰顯自己比關流數學前輩優秀之處。甚至還列舉「關流邪術邪法
之條目」，大力抨擊過去關流的數學成就。

　　在這場論戰中，會田安明也基於「精要」是謂「簡」、「捷」之意，

著述《神壁算法真術》，逐題評論關流《神壁算法》各問題與術文的缺點。一方面提出他自己所造的新術文，同時逐一計算並比較自己與《神壁算法》所列術文之「字數」，基於「字數」的比較，指出自己較諸關流弟子的「迂遠」術或「長文」術，要來得精要且高明，如圖 6.7 所示。

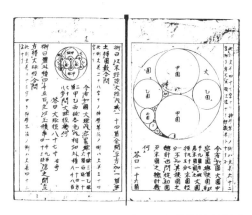

圖 6.7：《神壁算法真術》書影——會田評《神壁算法》第 16 與 17 題

　　接著，針對《神壁算法》下卷，會田安明比較雙方術文中所列方程式的「次方數」，以及解題所用到的「開平方次數」後，認為自己的術較為「簡」與「捷」，因此算學造詣較高明。反過來，關流和算家日下誠 (Kusaka Makoto, 1764–1839) 亦撰著《當世塵劫記解》，批評會田安明所造不夠簡捷的長文術與迂遠術。可見，無論最上流或關流的數學家們，解術的「字數」、「開方次數」以及「方程式的次數」，皆成為他們據以比較、競技的「客觀」標準，展現「簡」與「捷」這兩個重要的數學知識價值。

進入十九世紀之後，整個論戰也進入尾聲，隨著 1802 年，神谷定令著作《福成算法》回應會田安明後，關流數學家已悄然退出此一戰場。而論戰的終局，是會田安明於 1806 年的《掃清算法》。此書問世後，就此「掃清」了兩造的恩怨，隨著涉及論戰的關流和算家陸續辭世，這場論戰終於畫下了句點。

　　和算史上這場論戰並非優先權之爭，亦不全然是為了改正對方的錯誤，而是展現了和算文化的獨特風貌——改病題、去邪術、改迂遠術，乃至精要原則下的術文字數比較，是兩造和算家從事算學論戰所據之重要數學價值與競技標準。雙方基於各自相異的算學觀點而針鋒相對，加上為了捍衛各自流派聲望，使得論戰始終持續不斷。這也反映出數學知識的社會性與脈絡性，和算研究與相關知識受當時代社會、文化乃至社群中的規約、知識標準與價值觀所影響，展現出別於西方數學與中算的風格與特色。

　　這場論戰雖是兩個流派之爭，但事實上主要是會田安明以一人之力，對抗關流的數學家。從前期的你來我往，到了後期會田安明針對藤田貞資《精要算法》的嚴格批評，以及對整個關流乃至歷代關流數學著作的重新檢視，讓他自詡「孤軍引百萬新加之敵，百戰百勝勢破竹之勢。」加上會田安明後期身分變成浪人，而關流數學家多半是身分較崇高的武士，也使得這場階級並不對等的論戰，更顯會田安明身為「浪人數學家」的才能與傲氣。

6.2.5 算學道場

　　江戶時代數學的普及與當時教育的普及有關，早期算學教育的內容，是以《塵劫記》等實用性算學知識和珠算為主，這些教科書對算學知識的普及，發揮了巨大作用。武家教育則是在幕府直轄的學校以

及各藩的藩校中進行，由於武士對算學的興趣，很多藩校延聘和算家
作為算學師範以教授算學。例如十八世紀的松永良弼、久留島義太，
以及藤田貞資等重要關流和算家，都曾因自身的算學才能，受聘擔任
算學師範。除了各地藩校納入算學的學習外，隨著算學風氣普及，加
上當時社會經濟等大環境因素的影響下，習算者的身分也從早期的武
士階層，慢慢地轉變成一般的農民以及其他庶民階層。

　　由於民眾的學習需求，因而出現了算學道場這類算學私塾，到了
十九世紀，和算教育之普及隨著越來越多算學道場的開設，步入另一
個高峰。除了藩校外，以教授和算為主的算學道場，遂成為當時數學
教育的重要機構，例如，隸屬於當時最大的和算流派關流的和算家，
他們所開設的算學私塾即相當盛行。包含日下誠、會田安明、藤田貞
資父子、長谷川寬父子、千葉胤秀父子及內田五觀等和算家，都曾經
開塾教授算學謀生，或者因開塾授徒而名聲遠播。

　　前述開設算學道場的和算家裡，長谷川寬原是冶鍛、雜舖店員的
身分，後因精於算學得以在江戶開設算學道場「長谷川社」，並培育了
多位著名的關流和算家。千葉胤秀原出生於一關藩磐的農家，四十三
歲投入江戶入長谷川寬門下學習算學，而後，受聘於一關藩位居算學
師範，並且開設算學道場，招生授徒。由於算學上的才能，千葉胤秀
得以從一般的農民階層晉升為一關藩的家臣，從而改變了社會地位。
同時，他也因數學專業知識，得以從事教學工作而依此謀生，改善經
濟環境。後來，千葉胤秀的子孫也繼續在一關地區教授算學，承繼其
算學道場，使得算學成為千葉一家之家學，數代相傳，並依此作為家
族事業，使得一關一帶成為和算最隆盛的地區之一。

　　從當時習算者的觀點來看，數學為六藝之一，既具實用價值，且
可作為經世之用的重要工具。顯然，數學知識地位與其實用性，確保

了學習的價值與正當性，也促進了數學的發展與普及。算學道場與算學私塾的設立，可說是十九世紀和算普及與發展過程中最重要的「數學教育機構」，達算之人可因「數學」上的專業能力而取得工作機會，受聘於藩校擔任算學師範，或者自力開設算學道場，廣收學生、教授和算謀求生計，而成為當代名師，並藉此提升社會經濟地位與名望，也使數學成為能讓整個家族興盛的家學與家業。所有這些，都見證了江戶時期數學作為一種專門之學的取向與成果。

6.3　東亞數學現代化的模範生

　　綜觀日本「和算」的發展，深受文化影響，起初來自真實世界的需要，例如工程、測量與曆法等等，但江戶時代的鎖國環境，加上自古以來各種技能的「藝道化」，使得和算的發展與教育模式十分獨特，發展出「遺題承繼」、「算額奉納」與「流派競爭」等數學知識活動。此外，和算家也為崇敬神佛與超越競爭對手而研究數學，為追求好問題、乃至更簡捷的術、更精確的問題答案而不斷精益求精。算學內容更包含跨越階級與性別的「趣味」元素，在在展現出對算學內在價值的追求。十八世紀後半日本的經濟大幅發展後，識字率的提升，伴隨工程、測量、商業與娛樂的興盛，使得武士與平民之中讀、寫、算的需求不斷增加，輔以各地藩校、算學道場的普及，習算者轉為一般農民以及其他庶民階層，這也為後來日本數學的現代化奠下基礎。

　　西元 1863 年，日本幕府開國。同一時間，許多西方數學著作傳入中國，並出版中譯本。時值幕末明治初年，日本知識界渴望了解西方新知，加上多數日本知識分子都能閱讀和理解漢文書籍，因而漢譯西方科學書籍通過中國赴日貿易商船，以及透過赴華考察的日本人士之

收購等途徑傳入日本。此時期傳入的漢譯西方數學著作包含了《幾何原本》、《代數學》、《代微積拾級》、《數學啟蒙》、《代數術》，以及《微積溯源》等書。❸許多日本數學家都借助這些漢譯西方著作，學習西方近代數學的（初等）知識。

上述這些漢譯西方數學著作傳日之速、翻刻之多，反映了日本知識界需求之殷。傳入日本的相關著作，涵蓋了西方初等數學和高等數學的內容，還包括一些工程圖學等實用數學內容。這些著作對日本數學從傳統向近代的轉變，起了極大的作用。其中又以《數學啟蒙》與《代微積拾級》產生的影響最明顯。漢譯西方著作易於被同屬漢字文化圈的日本學者接受，成為日本人學習西方數學的主要譯書與捷徑，得以快速地消化西方近代數學，對傳統和算朝向近代數學的轉變起了很大幫助。

若從傳統和算文本來看，普及性、基礎實用數學著作主要以日文寫成，但一般和算家的研究著述、算額等學術性的數學文本，則主要以漢字寫成。同時，十八世紀中期，日本的識字率與和算教育的普及，加上傳統和算知識涉及了基礎算術、複雜方程式（符號代數）、圓理（幾何）、圓理豁術（積分法）等概念。因此，無論語言或數學先備知識而言，都為當時的日本數學家閱讀漢譯西方著作，乃至全面西化的過程打下良好基礎。

除了漢譯西方著作之外，當日本開國後，幕府也意識到引自西方科學的重要性，於是，幕府於 1855 年設立洋學研究所。接著，在 1857 年，幕府將 1811 年在天文方內設置的洋書翻譯機構，改為藩書調所，並於 1862 年易名洋書調所，翌年 (1863) 又易名為開成所，轉

---

❸ 這些西方算學的中譯，可參考《數之軌跡 III：數學與近代科學》第 5.5 節。

變成為培養洋學人才的學校。在科學技術方面，設天文學、地理學、窮理學、數學、精煉學、物產學、器械學、畫學、活字學術等九科。

　　例如洋算家神田孝平 (Kanada Takahira, 1830–1898) 任職數學教師，當時數學科的學生約有 150 人，教學內容主要是算術、代數、幾何，而使用的是《西算速知》(福田理軒，1857)、《洋算用法》(柳河春三，1857) 及《筆算提要》(伊藤慎藏，1867) 等日本自己編寫的數學教材。神田孝平曾抄寫李善蘭、偉烈亞力翻譯的《代微積拾級》，並曾經在開成所教授微積分。另外，福田半譯解版的《代微積拾級譯解》於 1872 年刊行，此譯作雖不完整，但因公開出版而有頗大的影響。❹

　　到了 1867 年，德川慶喜宣布大政奉還，幕府從此解散。而 1853 年以來的這段時間裡，隨著日本國內民族與階級意識之激化，以下級武士改革派為中心，掀起了尊王攘夷的運動，並於 1868 年成立了以明治天皇為首的維新政府。而明治政府一方面成立了中央集權的統一國家，同時也提倡向西方國家學習，於 1868 年的「明治維新」全盤進行西化，「求新知於全世界」，並強調教育改革與科技之發展。其中，對於和算影響最深的，便是 1872 年全面頒布的新制學令。當中規定各類學校教育中必需採用洋算，並且不得再教授和算。宣告江戶時期的日本在地化數學——和算——被迫畫下句點。取而代之的，是西方現代化、專業化的數學知識。

❖ 此處參考李佳嬋，〈十九世紀西洋數學在東亞的傳播〉；馮立昇，《中日數學關係史》。

參考文獻

各章節撰寫名單

第 1 章　洪萬生（蘇意雯協助）
第 2 章　洪萬生（蘇意雯協助）
第 3 章　洪萬生（蘇意雯協助）
第 4 章　博佳佳（第 4.1–4.6 節）、琅元（第 4.7 節）、林倉億（第 4.8–
　　　　4.9 節）、英家銘（中譯）
第 5 章　英家銘
第 6 章　黃俊瑋

第 1 章

· Boyer, Carl B. (1985). *A History of Mathematics*. Princeton: Princeton University Press.
· Grattan-Guinness, Ivor (1997). *The Fontana History of the Mathematical Sciences*. London: Fontana Press.
· Katz, Victor J. (1995). "Ideas of Calculus in Islam and India", Mathematics Magazine 68(3): 163–174.
· Katz, Victor J. (2004)，《數學史通論》(*A History of Mathematics: An Introduction*)（第 2 版）（李文林、王麗霞中譯），北京：高等教育出版社。
· Keller, Agathe (2010). "On Sanskrit Commentaries Dealing with Mathematics", Bretelle-Establet, F. ed., *Looking at It from Asia: The Process that Shaped the Sources of History of Science*, Boston Studies in the Philosophy of Science 265. Springer Science+Business Medea B. V.

- Plofker, Kim (2009). *Mathematics in India*. Princeton and Oxford: Princeton University Press.
- Pollet, Charlotte-V. （博佳佳） (2021). "Comparison of histories, history of comparison: A lea to re-investigate mathematical cases from India and China（歷史比較，比較歷史：試論重新檢視印度與中國數學案例的必要）", *Taiwan Journal of East Asian Studies*（《臺灣東亞文明研究學刊》）18(1): 177–220.
- Van der Waerden, B. L. (1983). *Geometry and Algebra in Ancient Civilizations*. Berlin/Heidelberg/New York/Tokyo: Springer-Verlag.
- 柏林霍夫 (William P. Berlinghoff)、辜維亞 (Fernando Q. Gouvea)(2008)，《溫柔數學史》(*Math through the Ages: A Gentle History for Teachers and Others*)（洪萬生、英家銘暨 HPM 團隊合作中譯），臺北：五南出版社。
- 馬祖爾 (Joseph Mazur)(2015)，《啟蒙的符號》(*Enlightening Symbols*)（洪萬生、洪贊天、英家銘、黃俊瑋、黃美倫、鄭宜瑾合作中譯），臺北：臉譜出版社。
- 麥卡夫與麥卡夫 (Barbara & Thomas Metcalf)(2005)，《劍橋印度簡史》(*A Concise History of India*)（陳琦郁中譯），新北市：左岸文化出版社。
- 毛爾 (Eli Maor)(2000)，《毛起來說三角》(*Trigonometric Delights*)，臺北：天下遠見出版公司。
- 李儼、錢寶琮 (1998)，《李儼錢寶琮科學史全集》，瀋陽：遼寧教育出版社。
- 李文林主編 (2000)，《數學珍寶：歷史文獻精選》，臺北：九章出版社。

· 呂鵬、紀志剛 (2017)，〈印度庫塔卡詳解及其與大衍總數術比較新探〉，《自然科學史研究》38(2): 172–188。

· 郭書春 (2009)，《九章算術譯注》，上海：上海古籍出版社。

· 郭書春、劉鈍點校 (2001)，《算經十書》，臺北：九章出版社。

· 郭書春主編 (2010)，《中國科學技術史・數學卷》，北京：科學出版社。

· 卡普蘭 (Robert Kaplan)(2002)，《從零開始：追蹤零的符號與意義》(*The Nothing That Is: A Natural History of Zero*)（中譯：陳雅雲，審閱：翁秉仁），臺北：究竟出版社。

· 洪萬生 (2006a)，〈此「零」非彼「O」〉，載洪萬生，《此零非彼O》（臺北：臺灣商務印書館），頁 114–122。

· 洪萬生 (2006b)，〈歷久彌新的珠算〉，載洪萬生，《此零非彼O》（臺北：臺灣商務印書館），頁 137–142。

· 洪萬生 (2014a)，〈零說從頭〉，載洪萬生等，《數說新語》（臺北：開學文化出版社），頁 9–16。

· 洪萬生 (2019)，〈籌算、珠算及筆算：一個數學史的初步考察〉，發表於中華珠算研究學會，2019 年 12 月 1 日，臺北。

· 紀志剛、郭圓圓和呂鵬 (2018)，《西去東來：沿絲綢之路數學知識的傳播與交流》，南京：江蘇人民出版社。

· 蔡聰明 (2000)，〈蜜蜂與數學〉，http://episte.math.ntu.edu.tw/articles/sm/sm_27_07_2/。

· 蘇惠玉 (2018)，〈你所不知道的托勒密〉，洪萬生主編，《窺探天機：你所不知道的數學家》（臺北：三民書局），頁 1–15。

· 吳俊才 (2009)，《印度史》（修訂二版），臺北：三民書局。

第 2 章

- Berggren, J. L. (1986). *Episodes in the Mathematics of Medieval Islam.* New York: Springer-Verlag.
- Fibonacci, Leonardo Pisano (1987). *The Book of Squares.* New York: Academic Press, Inc.
- Grattan-Guinness, Ivor (1997). *The Fontana History of the Mathematical Sciences.* London: Fontana Press.
- Neill, Hugh et. al., eds. *The History of Mathematics.* Singapore: Longman Group Limited.
- Plofker, Kim (2009). *Mathematics in India.* Princeton and Oxford: Princeton University Press.
- Sigler, L. E. (1987). "Introduction: A Brief Biography of Leonardo Pisano (Fibonacci)," in Fibonacci (1987), pp. xv–xx.
- Stedall, Jacqueline (2012). *The History of Mathematics: A Very Short Introduction.* New York: Oxford University Press.
- 郭書春 (2010)，《中國科學技術史：數學卷》，北京：科學出版社。
- 黃清揚、洪萬生 (2018)，〈為阿拉真主研究數學：以奧馬‧海亞姆為例〉，收入洪萬生主編，《窺探天機：你所不知道的數學家》（臺北：三民書局），頁 43–55。
- 洪萬生 (1999)，〈誰發明了代數學？〉，收入洪萬生，《孔子與數學》（臺北：明文書局），頁 157–168。
- 洪萬生 (2001)，〈當斐波那契碰上孫子〉，《HPM 通訊》4(1): 1–2。
- 洪萬生 (2022)，〈棋盤上的穀粒：數大之奇〉，載洪萬生，《數學故事讀說寫》（臺北：三民書局），頁 41–53。
- 居耶德 (Denis Guedj)(2003/2004)，《鸚鵡定理：跨越兩千年的數學之

旅》，臺北：究竟出版社。

‧ 陳彥宏 (2001)，〈計算天才──阿爾‧卡西 (Jamshid al-Kashi)〉，《HPM 通訊》4(12)。

‧ 蔡聰明 (2020)，〈蜜蜂與數學〉，http://episte.math.ntu.edu.tw/articles/ sm/sm_27_07_2/2020/8/18 檢索。

‧ 蘇意雯 (2009)，〈《可蘭經》裡的遺產〉，收入洪萬生等，《當數學遇見文化》（臺北：三民書局），頁 84–96。

‧ 奧馬‧開儼 (2001)，《魯拜集》（陳次雲翻譯導讀），臺北：桂冠圖書出版公司。

第 3 章

‧ Barnabas, Hughes ed. (2008). *Fibonacci's De Practica Geometrie*. New York: Springer.

‧ Fibonacci (2002). *Fibonacci's Liber Abaci: A Translation into Modern English of Leonardo Pisano's Book of Calculation*. New York/Berlin/ Heidelberg: Springer-Verlag.（Sigler, L. E. 英譯，紀志剛等中譯版，書名為《計算之書》）

‧ Fibonacci, Leonardo Pisano (1987). *The Book of Squares*. New York: Academic Press, Inc.

‧ Grattan-Guinness, Ivor (1997). *The Fontana History of the Mathematical Sciences*. London: Fontana Press.

‧ Lindberg, David (1992). The Beginnings of Western Science: The European Scientific *Tradition in Philosophical, Religious, and Institutional Context, 600 B.C. to A.D. 1450*. University of Chicago Press.

- O'Connor, J. J. and E. F. Robertson (2023). "Abraham bar Hiyya Ha-Nasi", https://mathshistory.st-andrews.ac.uk/Biographies/Abraham/. Accessed on 2023/03/01.
- Sigler, L. E. (1987). "Introduction: A Brief Biography of Leonardo Pisano (Fibonacci)," in Fibonacci (1987), pp. xv–xx.
- Swetz, Frank (1987). *Capitalism and Arithmetic: The New Math of the 15th Century–Including the Full Text of the Treviso Arithmetic of 1478*. La Salle, Illinois: Open Court Publishing Company.
- 馬祖爾 (Joseph Mazur)(2015)，《啟蒙的符號》(Enlightening Symbols)（洪萬生等中譯），臺北：臉譜出版社。
- 斐波那契 (2008)，《計算之書》（紀志剛等中譯），北京：科學出版社。
- 德福林 (Keith Devlin)(2013)，《數字人：斐波那契的兔子》(*The Man of Numbers*)（洪萬生、蘇惠玉中譯），臺北：五南圖書公司。
- 劉雅茵 (2018)，〈約翰・迪伊：一個有神祕色彩的數學家〉，載洪萬生主編，《窺探天機：你所不知道的數學家》（臺北：三民書局），頁 96–109。
- 林德伯格 (David Lindberg)(2001/2003)，《西方科學的起源》 (*The Beginnings of Western Science*)，北京：中國對外翻譯出版公司。
- 洪萬生 (1999)，〈數學史的另類書寫：推介 IGG 的《數學彩虹》〉，收入洪萬生，《孔子與數學》（臺北：明文書局），頁 329–336。
- 洪萬生 (2001)，〈當斐波那契碰上孫子〉，《HPM 通訊》4(1): 1–2。
- 洪萬生 (2006)，〈貼近《幾何原本》與 HPM 的啟示：以「驢橋定理」證明為例〉，收入洪萬生，《此零非彼 O》（臺北：臺灣商務印書館），頁 216–242。

- 洪萬生 (2006)，〈十三世紀西歐的數學百科全書：斐波那契的《計算書》〉，收入洪萬生，《此零非彼 O》（臺北：臺灣商務印書館），頁 123–136。
- 洪萬生 (2017)，〈解讀帕喬利：眼見為真！視而不見？〉，《高中數學電子報第 125 期》，http://mathcenter.ck.tp.edu.tw/Resources/ePaper/。
- 洪萬生 (2018)，〈兔子之外的傳奇：斐波那契與菲特烈二世〉，收入洪萬生主編，《窺探天機：你所不知道的數學家》（臺北：三民書局），頁 56–69。
- 洪萬生 (2022)，〈籌算、珠算及筆算：一個數學史的初步考察〉（未刊稿）。
- 索爾 (Jacob Soll)(2017)，《大查帳》(*The Reckoning: Financial Accountability and the Rise and Fall of the Nations*)，臺北：時報文化出版公司。
- 葉吉海 (2001)，〈斐波那契的數論研究〉，《HPM 通訊》4(4)。
- 楊瓊茹 (2009)，〈求一與占卜〉，載洪萬生等，《當數學遇見文化》（臺北：三民書局），頁 72–83。

第 4 章

- Chemla, Karine, and Fox-Keller, Evelyn (2017). *Cultures without Culturalism: The Making of Scientific Knowledge*. Durham, NC: Duke University Press.
- Chemla, Karine, and Guo Shuchun (2004). *Les neuf chapitres. Le classique mathématique de la Chine ancienne et ses commentaires*. Paris: Dunod.
- Chen Yifu (2013). *L'étude des différents modes de déplacement de*

boules du boulier et de l'invention de la méthode de multiplication Kongpan Qianchengfa et son lien avec le calcul mental. Thèse de doctorat. Paris: Université Diderot (Paris-7).

· Chia, Lucille (2002). *Printing for Profit: The Commercial Publishers of Jianyang, Fujian (11th–17th Centuries)*. Cambridge, MA: Harvard-Yenching Institute Monograph Series 56.

· Dauben, Joseph (2007). "Chinese Mathematics". In Victor Katz (ed.), *The Mathematics of Egypt, Mesopotamia, China, India and Islam, A Source Book*. Princeton and Oxford: Princeton University Press.

· Guo Shirong (2015). "Gu Yingxiang's Method of Solving Numerical Equations with Abacus". In D. E. Rowe and W.-S. Horng (eds.), *A Delicate Balance: Global Perspectives on Innovation and Tradition in the History of Mathematics* (Basel: Birkhäuser), pp. 343–359.

· Pollet, C.-V. (2020). *The Empty and the Full: Li Ye and the Way of Mathematics: Geometrical Procedures by Section of Areas*. Singapore: World Scientific.

· Volkov, Alexei (2018). "Visual representations of arithmetic operations performed with counting instruments in Chinese mathematical treatises". In F. Furinghetti and A. Karp (eds.), *Researching the History of Mathematics Education*, ICME-13 Monographs, Springer, pp. 279–304.

· 馬翔 (1993)，〈《勾股算術》提要〉，收入郭書春主編，《中國科學技術典籍通彙‧數學卷（二）》（鄭州：河南教育出版社），頁 973。

· 傅大為 (2010)，〈從文藝復興到新視野——中國宋代的科技與《夢溪筆談》〉，載祝平一主編，《中國史新論：科技與中國社會分冊》（臺

北：中央研究院史語所／聯經出版公司），頁 271–298。

・勞漢生 (1993)，〈《算學寶鑑》提要〉，收入郭書春主編，《中國科學技術典籍通彙・數學卷（二）》（鄭州：河南教育出版社），頁 335–336。

・李迪 (1999)，《中國數學通史：宋元卷》，南京：江蘇教育出版社。

・李弘祺 (1994)，《宋代關學教育與科舉》，臺北：聯經出版公司。

・李兆華 (1993)，〈《算法統宗》提要〉，收入郭書春主編，《中國科學技術典籍通彙・數學卷（二）》（鄭州：河南教育出版社），頁 1213–1215。

・劉祥光 (2013).《宋代日常生活中的卜算與鬼怪》，臺北：政大出版社。

・林力娜 (Karine Chemla) (2010)，〈從古代中國數學的觀點來探討知識論文化〉，載祝平一主編，《中國史新論——科技與中國社會分冊》（臺北：中央研究院史語所／聯經出版公司），頁 181–270。

・林倉億 (2018)，〈明代日用類書「筭法門」的著述與出版：1597–1633〉，載洪萬生主編，《數學的東亞穿越》（臺北：開學文化出版社），頁 107–132。

・呂變庭 (2016)，〈南宋數學文獻家榮棨與《黃帝九章算經細草》〉，《中原文化研究》5(3): 101–104。

・郭書春 (1991)，《中國古代數學》，濟南：山東教育出版社。

・郭書春 (1993)，〈《九章算法比類大全》提要〉，收入郭書春主編，《中國科學技術典籍通彙・數學卷（二）》（鄭州：河南教育出版社），頁 1–3。

・郭書春 (2000)，〈從面積問題看《算學寶鑑》在中國傳統數學中的地位〉，《漢學研究》18(2): 197–221。

· 郭書春主編 (2010)，《中國科學技術史：數學卷》，北京：科學出版社。

· 黃清揚 (2002)，《中國 1368–1806 年間的勾股術發展之研究》，臺北：國立臺灣師範大學碩士論文。

· 洪萬生 (1989)，〈十三世紀的中國數學〉，載吳嘉麗、葉鴻灑編，《中國科技史演講文稿選輯 （上)》（臺北：銀禾文化出版公司），頁142–162。

· 洪萬生 (1999)，〈全真教與金元數學：以李冶 (1192–1279) 為例〉，載《金庸小說國際學術研討會論文集》（臺北：遠流出版公司），頁67–83。

· 洪萬生 (2009)，〈數學與明代社會：1369–1607〉，收入祝平一主編，《中國史新論——科技與中國社會分冊》（臺北：中央研究院史語所／聯經出版公司），頁 353–421。

· 洪萬生 (2009)，〈數學與宗教〉，載洪萬生、英家銘、蘇意雯、蘇惠玉、楊瓊茹、劉柏宏，《當數學遇見文化》（臺北：三民書局），頁97–109。

· 洪萬生 (2018)，〈正負術及其在韓日之流傳：以黃胤錫 vs. 建部賢弘為例〉，*RIMS Kokyuroku Bessatsu* B68 (2018), 1–15.

· 洪萬生 (2022)，〈楊輝《習算綱目》的社會文化脈絡〉，發表於臺灣數學史教育學會年會，2/12/2022，臺北：臺灣師範大學數學系。

· 錢寶琮主編 (1966)，《宋元數學史論文集》，北京：科學出版社。

· 徐梅芳 (2004)，《顧應祥《測圓海鏡分類釋術》之分析》，臺北：國立臺灣師範大學碩士論文。

· 許雪珍 (1997)，《明代算書《算學寶鑑》內容分析》，臺北：國立臺灣師範大學碩士論文。

- 朱一文 (2017)，〈秦九韶對大衍求一術的籌圖表達——基於《數書九章》趙琦美鈔本 (1616) 的分析〉，《自然科學史研究》36(2): 244-257。
- 陳威男 (2002)，《明代算書《算法統宗》內容分析》，臺北：國立臺灣師範大學碩士論文。
- 楊瓊茹 (2003)，《明代曆算學家周述學及其算學研究》，臺北：國立臺灣師範大學碩士論文。
- 王連發 (2002)，《勾股算學家——明顧應祥及其著作研究》，臺北：國立臺灣師範大學碩士論文。
- 王文珮 (2006)，〈楊輝算書與 HPM：以《習算綱目》為例〉，《HPM通訊》9(5): 9-13。
- 余英時 (2004)，《中國近世宗教倫理與商人精神》（增訂版），臺北：聯經出版公司。

第 5 章

- Horng, Wann-Sheng (2015). "History of Korean mathematics, 1657–1868". In D. E. Rowe and W.-S. Horng (eds.), *A Delicate Balance: Global Perspectives on Innovation and Traditional in the History of Mathematics: A Festschrift in Honor of Joseph Dauben*, Birkhäuser, pp. 363–393.
- Jun, Yong Hoon (2006). "Mathematics in context: A case study in early nineteen-century Korea", *Science in Context* 19(4): 475–512.
- Lih, K. W. (2010). "A remarkable Euler square before Euler", *Mathematics Magazine* 83(3): 163–167.
- Nha, Il-seong (2001). "Silla's Cheomseongdae", *Korea Journal* 41(4): 269–281.

- Oh, Young Sook (2004). "*Suri chōngon pohae* （數理精蘊補解）：An 18th Century Korean Supplement to *Shuli jingyun* （數理精蘊）". In W.-S. Horng, Y.-C. Lin, T.-C. Ning & T.-Y. Tso (eds.), *Proceedings of Asia-Pacific HPM 2004 Conference*, National Taichung Teachers College, pp. 279–284.
- Song, Sang-Yong (1983). "A brief history of the study of the Ch'ŏmsŏng-dae in Kyongju", *Korea Journal* 23(8): 16–21.
- Ying, Jia-Ming (2014). "Mathematical canons in practice: The case of nineteenth-century Korean scholar Nam Pyŏng-Gil and his evaluation of two major algebraic methods used in East Asia", *East Asian Science, Technology and Society: An International Journal* 8(3): 347–362.
- 林肯輝 (2003)，《《書計瑣錄》之內容分析》，臺北：國立臺灣師範大學數學系碩士論文。
- 郭世榮 (2009)，《中國數學典籍在朝鮮半島的流傳與影響》，濟南：山東教育出版社。
- 韓琦 (2003)，〈康熙時代的數學教育及其社會背景〉，《法國漢學》8卷，頁 434–435。
- 洪宜亭 (2003)，《從《籌解需用》看洪大容的數學與實學思想》，臺北：國立臺灣師範大學數學系碩士論文。
- 洪萬生 (2002)，〈十八世紀東算與中算的一段對話：洪正夏 vs. 何國柱〉，《漢學研究》20(2): 57–80。
- 洪萬生、李建宗 (2007)，〈從東算術士慶善徵看十七世紀朝鮮一場數學研討會〉，《漢學研究》25(1): 313–340。
- 金容雲 (1985)，《韓國科學技術史資料大系：數學篇》，서울：驪江出版社。

‧金容雲、金容局 (1978)，《韓国数学史》，東京：槙書店。

‧周宗奎 (2003)，《黃胤錫《算學入門》探源》，臺北：國立臺灣師範大學數學系碩士論文。

‧川原秀城 (2010)，《朝鮮数学史：朱子学的な展開とその終焉》，東京：東京大学出版会。

‧葉吉海 (2002)，《李朝世宗時期的朝鮮算學》，臺北：國立臺灣師範大學數學系碩士論文。

‧英家銘 (2022)，《東亞傳統科學：日韓數學文化史》，臺中：滄海書局。

‧英家銘、黃俊瑋 (2021)，〈內外有別的知識價值：文化如何影響數學知識的教育與傳播？以十七至十九世紀的朝鮮與日本為例〉，《臺灣教育哲學》5(1): 1–31。

第 6 章

‧Horiuchi, Annick (1994). *Japanese Mathematics in the Edo Period: 1600–1868*. Paris, Librairie Philosophique J. VRIN.

‧Horiuchi, Annick (2010). *Japanese Mathematics in the Edo Period 1600–1868: A study of the works of Seki Takakazu (?–1708) and Takebe Katahiro (1664–1739)*. Heidelburg/Berlin: Springer Verlag.

‧馮立昇 (2009)，《中日數學關係史》，山東：山東教育出版社。

‧李佳嬅 (2003)，〈十九世紀西洋數學在東亞的傳播〉，《HPM 通訊》6(10): 24–25。

‧廖傑成 (2013)，《《算俎》之內容分析》，臺北：國立臺灣師範大學碩士論文。

‧劉雅茵 (2011)，《關孝和《括要算法》之內容分析》，臺北：國立臺

灣師範大學碩士論文。

· 林美杏 (2013)，《建部賢弘之研究──以《綴術算經》為例》，臺北：國立臺灣師範大學碩士論文。

· 林美杏、黃俊瑋 (2015)，〈承先啟後的和算家建部賢弘〉，《中華科技史學會學刊》第 20 期：23–32。

· 林典蔚 (2012)，《關孝和《三部抄》之內容分析》，臺北：國立臺灣師範大學碩士論文。

· 林建宏 (2013)，《松永良弼《方圓雜算》之內容分析》，臺北：國立臺灣師範大學碩士論文。

· 黃俊瑋 (2013)，〈江戶時期和算發展之分期〉，《中華科技史學會學刊》第 18 期：24–33。

· 黃俊瑋 (2014)，〈江戶時期寺廟中的數學交流〉，《中華科技史學會學刊》第 19 期：52–56。

· 黃俊瑋 (2014)，《關流算學研究及其歷史脈絡》，臺北：國立臺灣師範大學博士論文。

· 黃俊瑋 (2015)，〈江戶時期關流分式（數）符號表徵的發展與過渡〉，《臺灣數學教育期刊》2(1): 41–68。

· 黃俊瑋 (2015)，〈數學學術地位的提升與和算之公開化〉，《中華科技史學會學刊》第 20 期：16–22。

· 黃俊瑋 (2016)，〈和算家藤田貞資與其《精要算法》對和算普及化的影響〉，《HPM 通訊》19(12): 5–9。

· 黃俊瑋 (2016)，〈和算圓周率發展與數學知識需求〉，《科學史通訊》第 40 期：17–30。

· 黃俊瑋 (2016)，〈江戶時期的數學教育一隅──算學道場與和算教科書《算法新書》〉，《中華科技史學會學刊》21: 1–9。

· 黃俊瑋 (2017)，〈和算家如何核證數學知識與獲得問題的答案：一個 HPM 的觀點與反思〉，《科學史通訊》41: 17–36。

· 黃俊瑋 (2017)，〈和算文化中的數學問題與特色〉，《臺大東亞文化研究》第 4 期：101–131。

· 黃俊瑋 (2018)，〈和算家會田安明的數學競技標準〉，收入洪萬生主編，《窺探天機：你所不知道的數學家》（臺北：三民書局），頁 221–235。

· 黃俊瑋 (2018)，〈江戶後期的算學研究：以和田寧《圓理算經》為例〉，收入洪萬生主編，《數學的東亞穿越》（臺北：開學文化出版社），頁 79–106。

· 黃俊瑋 (2018)，〈江戶時期的和算家與士人如何看待數學〉，《科學史通訊》42: 17–30。

· 黃俊瑋 (2018)，〈江戶日本的一場數學論戰〉，收入洪萬生主編，《數學的東亞穿越》（臺北：開學文化出版社），頁 27–44。

· 黃俊瑋 (2019)，〈和算的專業化──數學知識整理與關流免許制的完善〉，《中華科技史學會學刊》23: 16–23。

· 黃俊瑋 (2019)，〈和算知識中的術、法、表之意義與特色〉，《臺灣數學教育期刊》6(1): 53–77。

· 黃俊瑋 (2019)，〈十九世紀初期和算問題的發展與特色──以齋藤宜義的《算法圓理鑑》為例〉，《中華科技史學會學刊》24: 11–20。

· 黃俊瑋 (2020)，〈和算中的圓理表及其應用──開方滊式出商表〉，《中華科技史學會學刊》25: 21–29。

· 黃俊瑋 (2021)，〈關流弧背術的發展脈絡：方法革新的追求與知識論的演變〉，《科學史通訊》44: 1–28。

· 黃俊瑋 (2021)，〈和算的積分法──以求橢圓周術為例〉，《中華科技

史學會學刊》26: 43–51。

- 黃俊瑋 (2022)，〈以《圓理算經》為例談和算家求解穿去積問題的思維與方法〉，《科學史通訊》45: 39–61。

- 黃俊瑋、王裕仁 (2018)，〈和算家如何追求一般化與簡捷性：以安島直圓為例〉，收入洪萬生主編，《數學的東亞穿越》（臺北：開學文化出版社），頁 61–78。

- 徐澤林 (2008)，《和算選粹》，北京：科學出版社。

- 徐澤林 (2009)，《和算選粹補編》，北京：科學出版社。

- 徐澤林 (2013)，《和算發展的中算源流》，上海：交通大學出版社。

- 徐澤林、周暢和夏青 (2013)，《建部賢弘的數學思想》，北京：科學出版社。

- 張功翰 (2014)，《《拾璣算法》初探》，臺北：國立臺灣師範大學碩士論文。

- 莊耀仁 (2013)，《《久留島極數》與《平方零約術》之探究》，臺北：國立臺灣師範大學碩士論文。

- 陳政宏 (2014)，《《算法新書》初探》，臺北：國立臺灣師範大學碩士論文。

- 英家銘、黃俊瑋 (2021)，〈內外有別的知識價值：文化如何影響數學知識的教育與傳播？以十七至十九世紀的朝鮮與日本為例〉，《臺灣教育哲學》5(1): 1–31。

- 烏雲其其格 (2009)，《和算發展的藝道化模式》，上海：上海辭書出版社。

- 王燕華 (2012)，《松永良弼《方圓算經》之內容分析》，臺北：國立臺灣師範大學碩士論文。

- 王裕仁 (2013)，《安島直圓《不朽算法》之內容分析》，臺北：國立

臺灣師範大學碩士論文。

網路資源

· O'Connor, J. J. & E. F. Robertson (2020). "Aryabhata the Elder", accessed on August 20, 2020 at https://mathshistory.st-andrews.ac.uk/Biographies/Aryabhata_I/.
· O'Connor, J. J. & E. F. Robertson (2020). "Bhaskara II", accessed on August 20, 2020 at https://mathshistory.st-andrews.ac.uk/Biographies/Bhaskara_II/.
· O'Connor, J. J. & E. F. Robertson (2020). "Brahmagupta", accessed on August 20, 2020 at https://mathshistory.st-andrews.ac.uk/Biographies/Brahmagupta/.

圖片出處

· 圖 1.2：Wikimedia Commons，作者：Yann；編輯：Jim Carter；衍生作品：Jbarta (talk) https://commons.wikimedia.org/wiki/File:Taj_Mahal,_Agra,_India_edit 3.jpg
· 圖 1.3：Wikimedia Commons
· 圖 1.5：Wikimedia Commons
· 圖 2.1：Wikimedia Commons
· 圖 2.5：Jeff Miller, Jeff Miller's Mathematicians on Postage Stamps
· 圖 2.7：Wikimedia Commons，繪圖者：A.Venediktov；Transferred from fr.wikipedia to Commons by Bloody-libu using CommonsHelper.

https://commons.wikimedia.org/wiki/File:Omar_Khayyam2.JPG

‧ 圖 3.1：Wikimedia Commons，攝影師：Mike Cowlishaw
https://commons.wikimedia.org/wiki/File:RomanAbacusRecon.jpg

‧ 圖 3.4：Wikimedia Commons

‧ 圖 3.5：Wikimedia Commons

‧ 圖 3.6：Wikimedia Commons

‧ 圖 3.7：Wikimedia Commons

‧ 圖 4.1：Wikimedia Commons

‧ 圖 4.2：Internet Archive
https://archive.org/details/02094046.cn

‧ 圖 4.4：Wikimedia Commons

‧ 圖 4.5：Wikimedia Commons

‧ 圖 4.6：Wikimedia Commons

‧ 圖 5.1：Wikimedia Commons，作者：Junho Jung
https://commons.wikimedia.org/wiki/File:Korea-Gyeongju-
Cheomseongdae-04.jpg

‧ 圖 5.2：Wikimedia Commons

‧ 圖 6.5：国立国会図書館デジタルコレクション
https://dl.ndl.go.jp/ja/pid/1145906/1/5
https://dl.ndl.go.jp/ja/pid/1145906/1/6

‧ 圖 6.6：国立国会図書館デジタルコレクション
https://dl.ndl.go.jp/ja/pid/1121649/1/6

‧ 圖 6.7：東北大學圖書館電子資料庫
https://www.i-repository.net/il/meta_pub/G0000398tuldc_4100002377

索　引

NOTE

《數之軌跡》總覽

按圖索驥

—— 無字的證明
—— 無字的證明 **2**

蔡宗佑 著
蔡聰明 審訂

以「多元化、具啟發性、具參考性、有記憶點」這幾個要素做發揮,建立在傳統的論證架構上,採用圖說來呈現數學的結果,由圖形就可以看出並且證明一個公式或定理。讓數學學習中加入多元的聯想力、富有創造性的思考力。

針對中學教材及科普知識中的主題,分為兩冊共六章。第一輯內容有基礎幾何、基礎代數與不等式;第二輯有三角學、數列與級數、極限與微積分。

國家圖書館出版品預行編目資料

數之軌跡II：數學的交流與轉化／洪萬生主編;英家
銘協編;黃俊瑋,博佳佳,林倉億,琅元著.－－初版一刷.
－－臺北市: 三民，2024
面；　公分.－－（鸚鵡螺數學叢書）

ISBN 978-957-14-7699-5 （平裝）
1. 數學 2. 歷史

310.9   112014563

鸚鵡螺數學叢書

數之軌跡II：數學的交流與轉化

主　　　編	洪萬生
協　　　編	英家銘
作　　　者	黃俊瑋　博佳佳　林倉億　琅元
審　　　訂	于　靖　林炎全　單維彰
總 策 劃	蔡聰明
責任編輯	朱君偉
美術編輯	黃孟婷

發 行 人	劉振強
出 版 者	三民書局股份有限公司
地　　　址	臺北市復興北路 386 號 (復北門市)
	臺北市重慶南路一段 61 號 (重南門市)
電　　　話	(02)25006600
網　　　址	三民網路書店 https://www.sanmin.com.tw

出版日期	初版一刷 2024 年 1 月
書籍編號	S319600
I S B N	978-957-14-7699-5

三民書局